電誕生的地方

我們平常使用的「電」是由發電廠製造出來的。當中有一些是運用水力和風力等大自然力量發電的發電廠。

世界最大的水力發電廠

▲世界最大的長江三峽水力發電站，位在中國長江，耗費約 16 年時間，於 2009 年興建完成。最大發電量可達兩千兩百五十萬瓩（kW），是日本發電量最高的奧只見發電廠（福島縣）的 40 倍以上！

影像提供／ EPA ＝時事

貓熊太陽能發電廠

▶這也是位於中國的發電廠，於 2017 年正式啟用。照片中排列成貓熊形狀的，全都是太陽能發電用的巨型太陽能光電板。

影像提供／東北自然能源株式會社

松川地熱發電廠

▲日本第一座商業用地熱發電廠，位在岩手縣八幡平市的十和田八幡平國立公園內。1966 年啟用，已經有超過 50 年的歷史，至今仍持續穩定供電中。

風力發電廠

▼風力發電是利用風的力量吹動風車發電，是屬於很環保的可再生能源之一。日本的風力發電設備大多位在北海道、青森縣、秋田縣及鹿兒島縣等地。

影像提供／日本東京電力控股公司

交通工具因電而進化

影像提供／
日本神奈川縣立圖書館

維持我們日常生活的交通工具也因為電的使用，變得更快速、更舒適，並且逐漸進化得越來越環保。

鐵路啟用時的浮世繪

▲日本最早的鐵路交通是使用以煤炭為燃料的蒸汽火車，在日本稱為 SL（Steam Lo-comotive 的縮寫）。在鐵路電氣化之前，這類蒸汽火車是主流。

影像提供／山梨縣立超電導磁浮列車中心

超導體磁浮列車

▲為了要打造世界最快的列車，日本持續研究超導體磁浮列車，其時速可達 500 公里！可以前往日本山梨縣的磁浮列車中心參觀，透過展示了解超導體磁浮列車。

過去的電動汽車

▲電動汽車於 1900 年，在巴黎萬國博覽會首次登場，由奧地利的馬車製造商羅納（Lohner）所打造。

現代的電動汽車

影像提供／日產汽車

▶「日產 NISSAN Leaf」是使用最新技術製造出 100% 電動汽車（EV）。第一代於 2010 年在日本上市，2017 年推出新款。不使用汽油，以專用充電器充電，就能夠靠電力行走。

家電產品的歷史

一般家庭使用的家電產品，在最近幾十年來也有大幅的進展，以前的電視是這麼大、這麼厚。

映像管電視

▲1960 年松下電器（現在的 PANASONIC）製造的第一台彩色電視機，構造是利用稱為映像管的玻璃管發光顯示出影像，當時稱為「專業色彩電視」。

影像提供／ PANASONIC（股）公司

OLED電視

▲使用有機 EL 技術的最新型電視，具有超高畫質，又輕又薄，可以掛在牆上！

影像提供／ EPOCH 公司

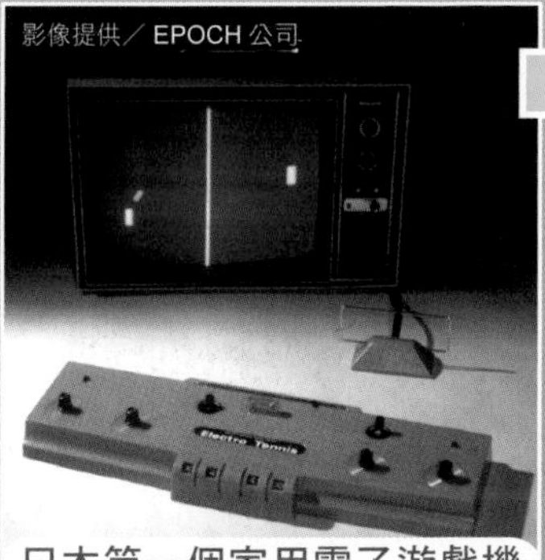

日本第一個家用電子遊戲機

▲1975 年 EPOCH 公司推出了日本第一個家用電子遊戲機「電視網球」，是一個來回擊打在畫面中左右移動的球的對戰遊戲。

最新家用電子遊戲機

▶「任天堂實驗室（Nintendo Labo）」系列，可用紙箱組件自行製作各式各樣的操控套件。搭配 2017 年推出的任天堂 Switch，就能夠組合出更多玩法。

影像提供／任天堂（股）公司

黑色電話

◀多數的家庭一直到 1990 年左右都還使用著這種電話，當時的電話不是現在的按鍵式鍵盤，而是轉盤式。

未來的電話

▲未來的電話或許連機器都不需要，變成在自己手臂上的投射畫面操作。或許在幾年後，智慧型手機將不再是主流，而是這種類型的電話。

電力開發的未來

現今使用電力發展的技術有越來越多的可能性，不知道未來的社會將會變成什麼模樣呢？

AI機器人

▲搭載人工智慧（AI, Artificial Inteligence）的機器人，性能大幅提升，機器人的功能表現也越來越優秀，甚至有人說總有一天會超越人類。

影像提供／東京女子醫科大學先進生命醫科學研究所
智慧型治療室
SCOT

▲東京女子醫科大學的智慧型治療室「Hyper SCOT」，裡頭設置了好幾個大型螢幕及機器人。手術室內的所有資訊由機器人彼此共享，以達到更正確且安全的手術。2019 年三月完成建置，並在同年夏天開始進行智慧型治療運用。

影像提供／ Innovatus Inc.

植物工廠

▲導入先進技術的完全封閉式植物工廠「富士農園」。利用數據控制 LED 照明、溫度、溼度、培養液以及空氣的流動等，可以穩定的種植出安全健康的蔬菜供應市場。

ZOZOSUIT

自動量身的貼身套裝

▶全部一共有 300~400 個用來測量尺寸的點點感應緊身衣「ZOZOSUIT」。穿上這件連身衣後，拿起智慧型手機進行 360 度攝影，就可以測量出身體的尺寸了。

影像提供／ ZOZO 株式會社

哆啦A夢科學任意門
DORAEMON SCIENCE WORLD

急急電流發射器

哆啦A夢科學任意門
急急電流發射器

目錄

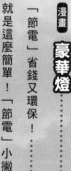

關於這本書

本書是在希望各位閱讀漫畫的同時，也能夠愉快學習與「電」相關知識的想法下所寫成的。

各位知道我們平常使用的理所當然的電是如何產生、如何送達家裡的嗎？電在玩具裡的電池、家電產品的電源線與插座上是如何流動的，你知道嗎？在本書中，除了電的基礎知識之外，也將介紹電是如何支撐我們的生活，以及如何改變今後的社會。

我們能夠在家中使用電暖爐、吹冷氣、冷卻或加熱食物、在電視或電腦上觀賞有趣影片，過著豐富且舒適的生活，全都要歸功於電的力量。為了今後也能夠持續這樣便利的生活，我們必須懂得珍惜用電。而幫助各位認識電的特性與原理，學會正確用電的知識，就是本書的目標。

※未特別載明的數據資料皆為二〇一八年三月的資料。

使用這個「超級電池」就沒問題了。
裝上這顆電池…
哇啊啊！好亮喔。

大騷動！巨大人造機器人

※嘰嘰
※咔
※嘰嘰嘰
我還是第一次看到這麼靈活的機器人。
它是我遙控迷的表哥做的。
※咔、咔
咦？
搞什麼？
不要亂跑，
我想試試它的出拳威力。
我才不要呢。
我來押住他！

幹得好，繼續押住他。
正義的夥伴「大巨人」真強。
做那個無聊的東西幹嘛啊？
可是……
哆啦A夢！我也要一台機器人。
你以為你幾年級了？
管我幾年級，我就是想要嘛!!
你要拿什麼東西出來？

急急電流發射器Q&A

Q 「電」的英文是以下何者？ ① electricity ② telephone ③ element

A ① electricity。Telephone是「電話」，element是「成分、元素」的意思。

GIANT SERIES
TITANIC ROBO
PART-1
「鐵達尼機器人」的模型。
哇～～好大喔。
馬上來組合！
要仔細看組裝說明圖，不要裝錯了。
看起來不會很難嘛。
這個本來就是玩具啊。
做是做好了，可是……
這是機器人？
是機器人的一部分。
這是左腳掌，
還有十五盒，組合起來就會變成大型機器人。
全長十公尺。
十公尺!?
人可以上去操縱？
好神奇喔!!

可是這麼大，房間擺不下啊。
這才是問題。
放在院子，會引起大家議論…
而且很危險，就算組合好了也不能隨便操縱。
用「任意門」將它帶到…
深山裡就可以安心組裝不被打擾了。
快把剩下的十五箱拿出來。

急急電流發射器Q&A

Q 人體內也有電在流動。這是真的嗎？

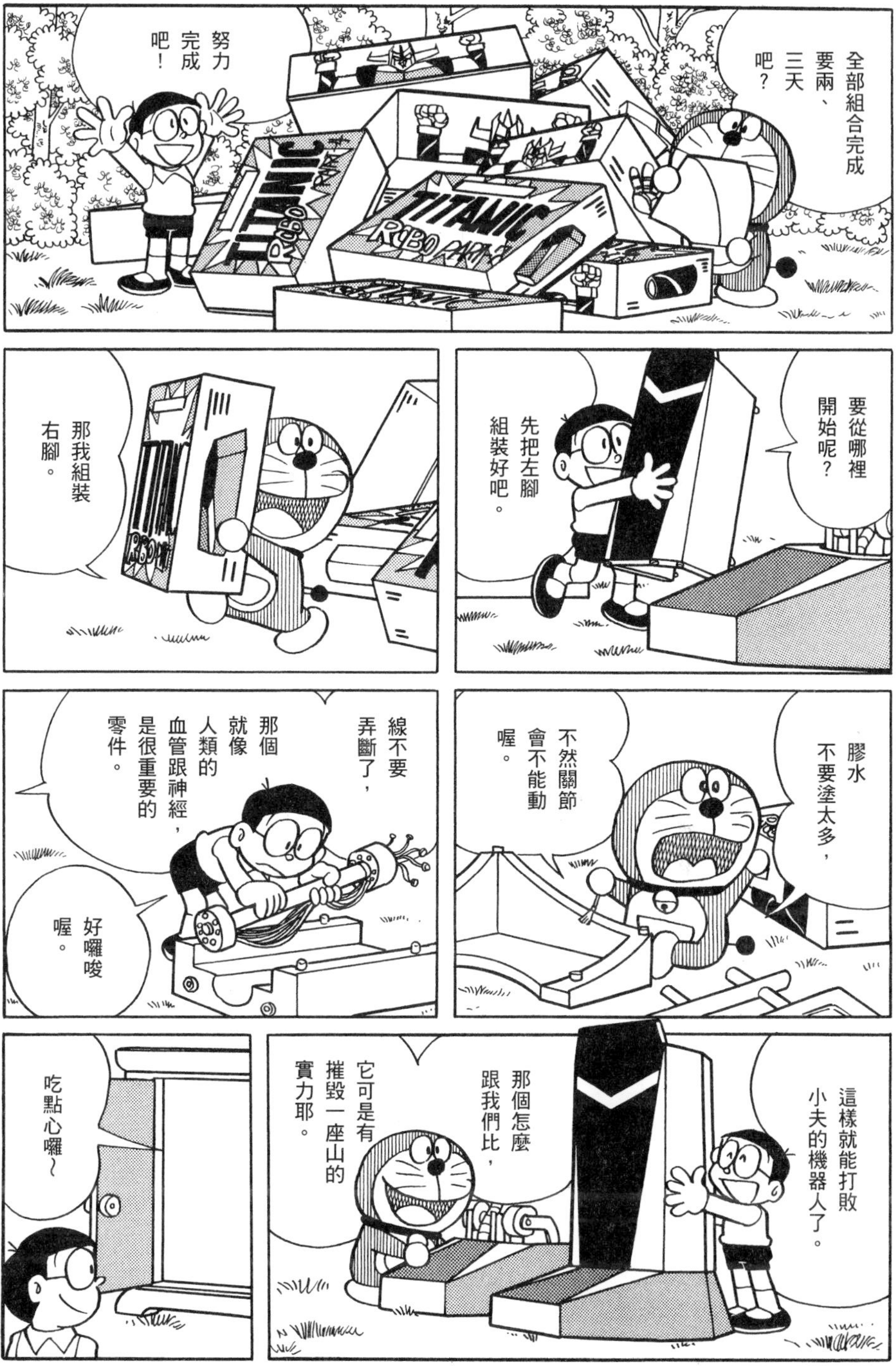

A 真的。人體也有微量的電在流動。詳情請見二十八頁。

急急電流發射器Q&A

Q 乾電池有一號、二號、三號等型號。下列何者不存在？①五號 ②六號 ③七號

A ③七號。除了這些之外，還有稱為9V電池的長方形乾電池。

※飛踢

急急電流發射器Q&A

Q 鹼性電池裡裝著什麼物質？①鋅 ②汞（水銀）③鋁

A
①鋅。以前裝的是汞（水銀），不過現在已經不使用了。

是昨天那些小孩子！
到底從哪來，又要去哪裡…
不關我們的事，繼續組裝吧。
大雄，天色暗了，收工吧。
不行，
要在今天之內完成。
越來越冷了。
哈啾！
暗成這樣，沒辦法組了啦。
就差一點點了…
喂！大雄！作業……已經睡著啦。
鼾…

又被留下來了。
我受夠了！今天一定要先寫完作業!!
我有堅強的決心！
嗯？
大雄好慢喔。
又被留下來了吧？
想拿他試試看新裝的金剛飛拳耶…
哆啦A夢!!
不在…
沒關係，我自己來也可以!!
下雪了！
下雪也無所謂，我一定要完成!!

急急電流發射器Q&A

Q 最容易產生靜電的材質是？①毛皮 ②棉 ③絹

A

①毛皮。人類也是因為毛皮而發現電。詳情請見三十頁。

終於完成了！萬歲！萬歲！
真擔心發動不了。
首先是主開關。
馬達轉動後，將操縱桿……

鏗鏘鏘～
哇～～飛起來了!!
哇哈哈哈哈哈哈哈!!
好，去跟小夫的大巨人決鬥。
ゴゴゴゴゴゴ

※轟轟轟

急急電流發射器Q&A

Q 下列何者是製造靜電的裝置？①萊頓瓶 ②范氏起電器 ③負離子空氣淨化器

A ②范氏起電器。萊頓瓶是儲存靜電的裝置，負離子空氣淨化器是消除靜電的裝置。

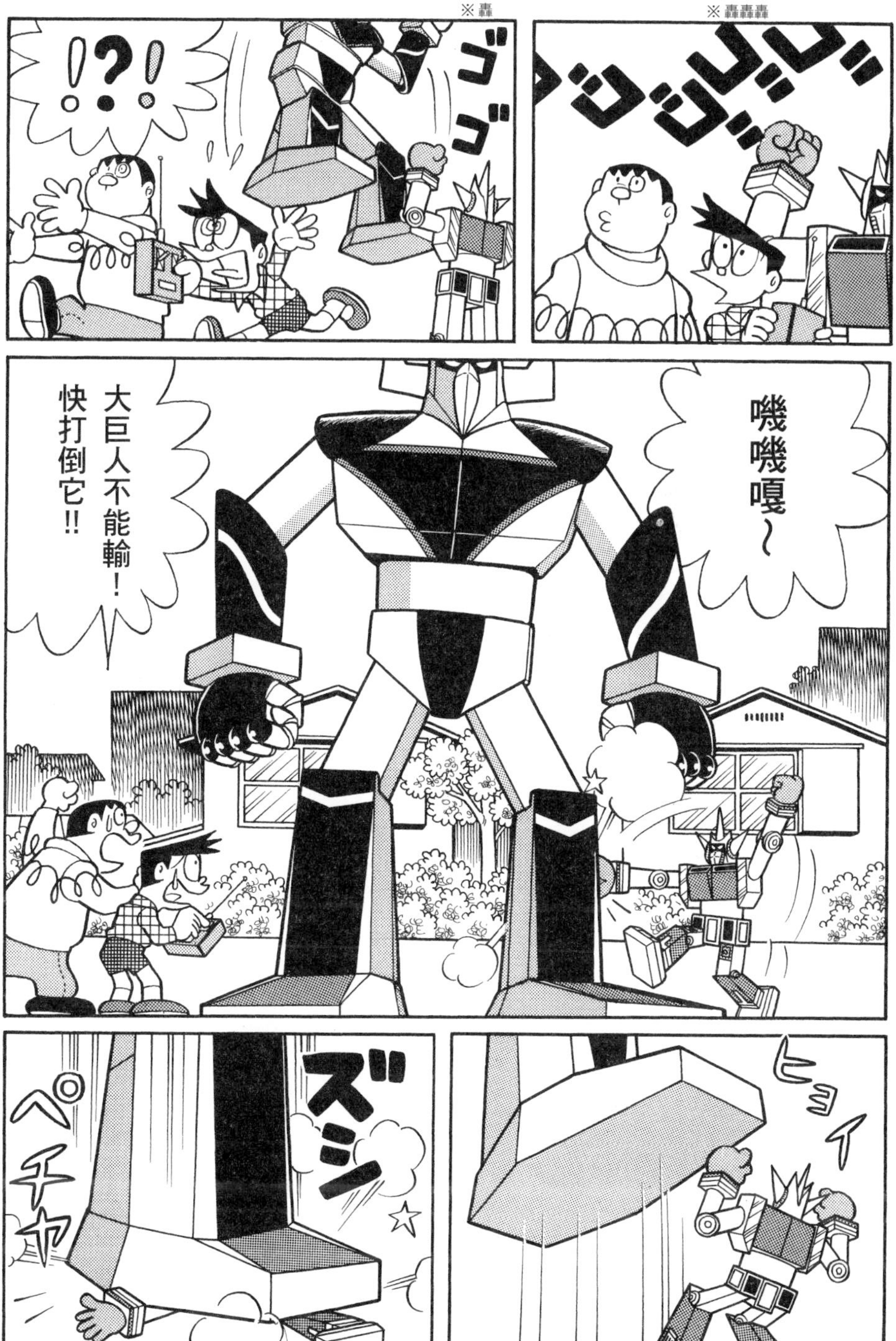

※轟轟轟　※轟

※唉呀　※踩　※踩扁

急急電流發射器Q&A

Q 下列何者是實際存在的電力單位？①法老 ②法密力 ③法拉

A ③法拉。這是靜電容量的單位，來自於人稱「電磁學之父」的英國物理學家法拉第的名字。

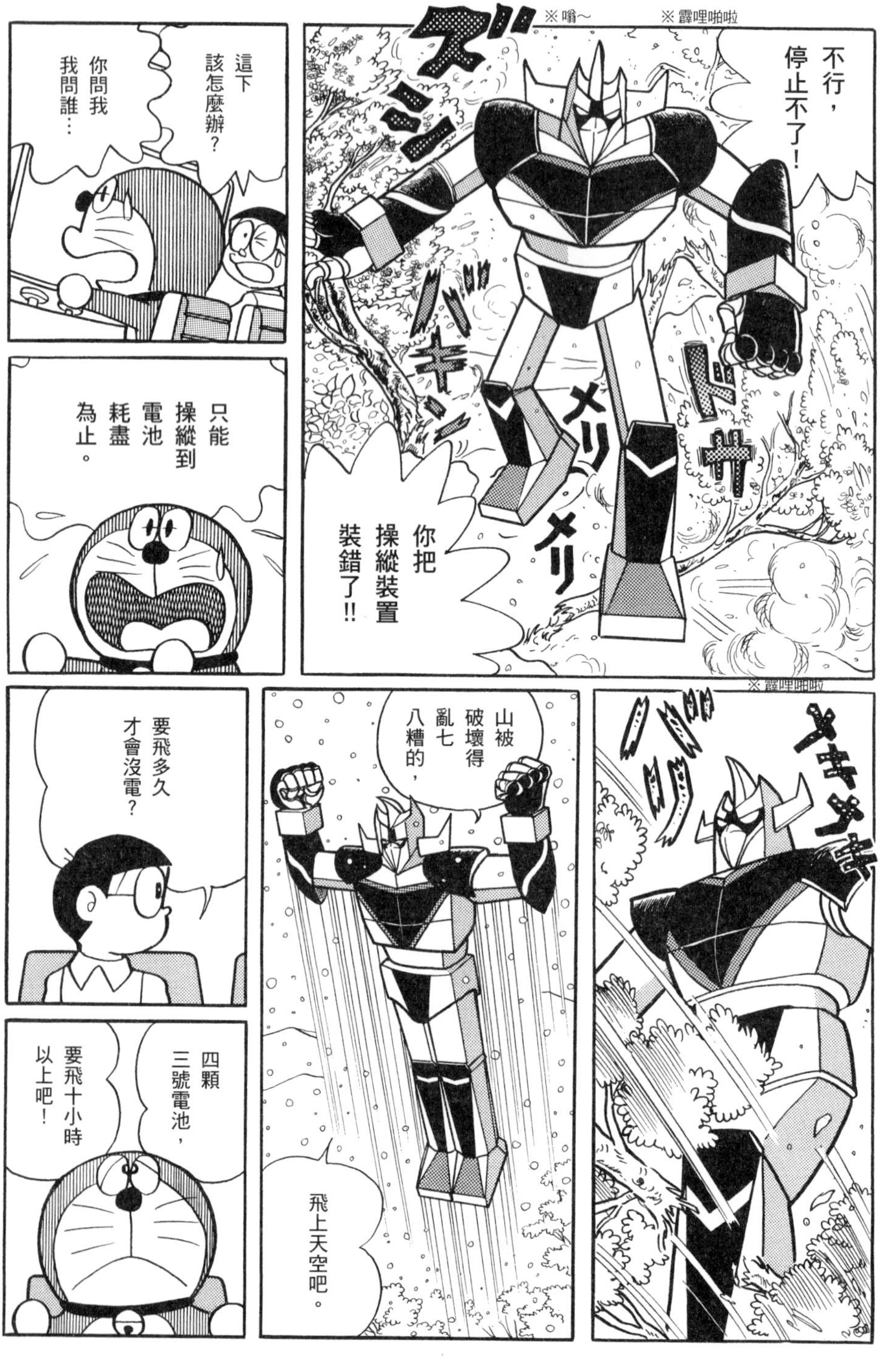

急急電流發射器Q&A

Q 日本稱閃電為下列何者？①稻母 ②稻娘 ③稻妻

A ③稻妻。日本古代人相信閃電能夠使稻子結穗，因此這樣稱呼。

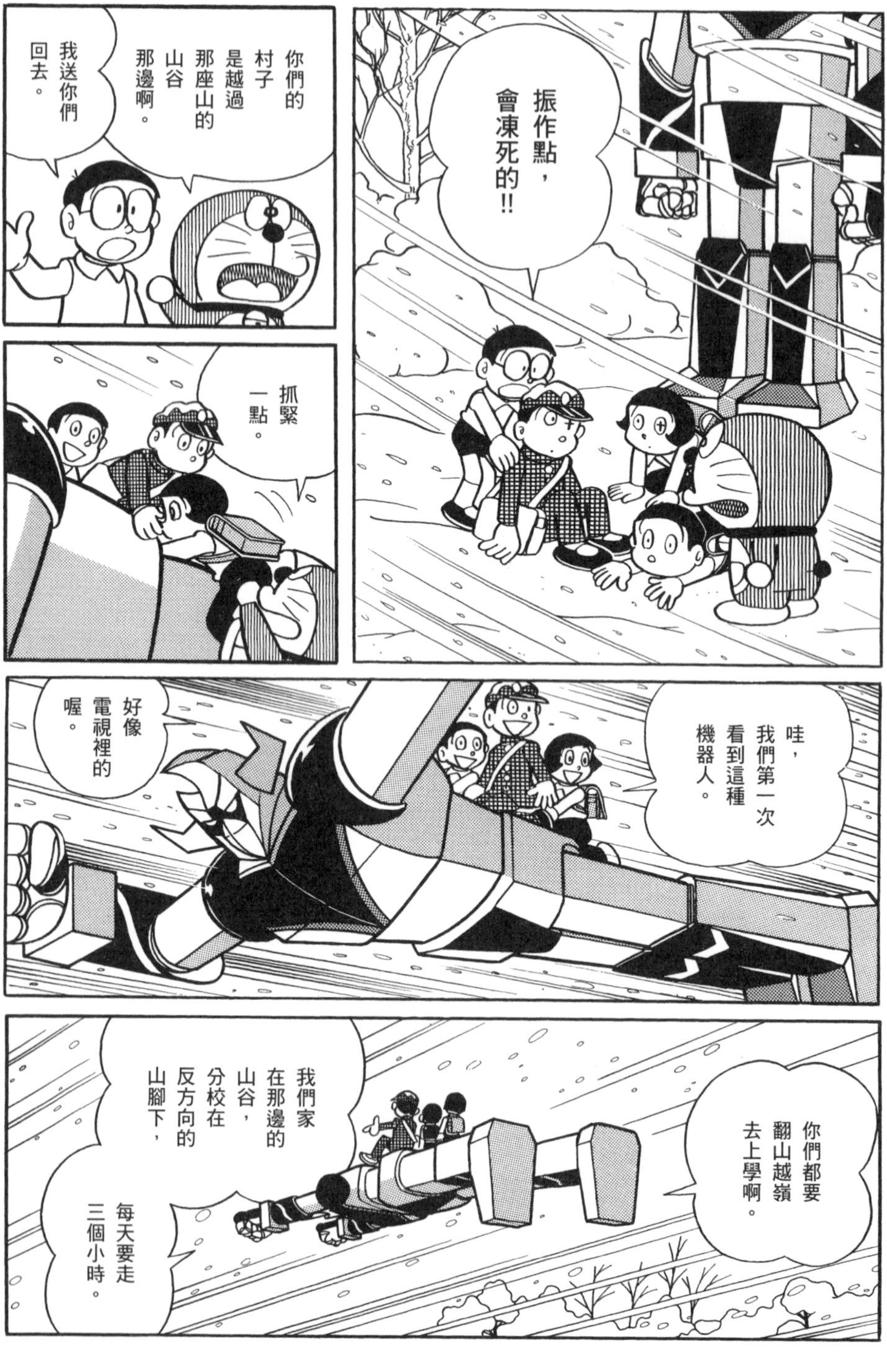
振作點，會凍死的!!
你們的村子是越過那座山的山谷那邊啊。
我送你們回去。
抓緊一點。
哇，我們第一次看到這種機器人。
好像電視裡的喔。
你們都要翻山越嶺去上學啊。
我們家在那邊的山谷，分校在反方向的山腳下，
每天要走三個小時。

急急電流發射器Q&A

Q 與電無關的單位是下列何者？①安培 ②伏特 ③牛頓

A ③牛頓。牛頓是表示力的大小的單位，取名來自於發現萬有引力的牛頓。

學校捷徑
明天早上他們一定會嚇一跳。
以後上學輕鬆多了。
要好好用功喔。
不寫作業!
跑到哪裡去了!?
早知道趁機器人有電的時候去破壞學校。
真是胡說八道。

這是機器人？
是機器人的一部分。

什麼是「電」？

就在我們日常生活中，讓生活更便利

各位的生活周遭都有使用到「電」吧？照亮家裡與學校的電燈與日光燈等照明器具是使用電發光；電視、冰箱、冷氣、吸塵器等家電產品，也幾乎都是由插座供電才能夠運轉。

智慧型手機、掌上型遊戲機也是使用到「電」，出門隨身帶著走時雖然無須連接插座，不過在家裡也要插上插座充電。因為機器內部裝有充電式電池，我們外出時才能夠使用。

▲各種乾電池。

三號、四號等型號的乾電池，也是電池的一種。裝上這些乾電池就會動的玩具，也全都是仰賴電力來動作。漫畫裡出現的機器人也是靠電池能量活動，所以最後電池沒電時，就無法動彈了。

電話也是使用電，把聲音轉換成電訊號，透過電纜線傳送，因此我們能夠與遠方的人通話。理論上，電訊號與地球上速度最快的光一樣，可以每秒大約三十萬公里的速度傳播，所以無論是距離多遠的對象，也能夠猶如面對面般聊天。就像這樣，電讓人們的生活變得更方便。

電子移動產生電

那麼，電到底是什麼呢？電是由電子的移動而產生的，使電器能夠工作的「電能」，與熱能同樣，都是屬於「能量」的一種。因為不是物質，所以肉眼看不見。

接下來要講的東西有點困難度，各位聽過「原子」嗎？原子是非常小的粒子，地球上的所有物質，包括人類

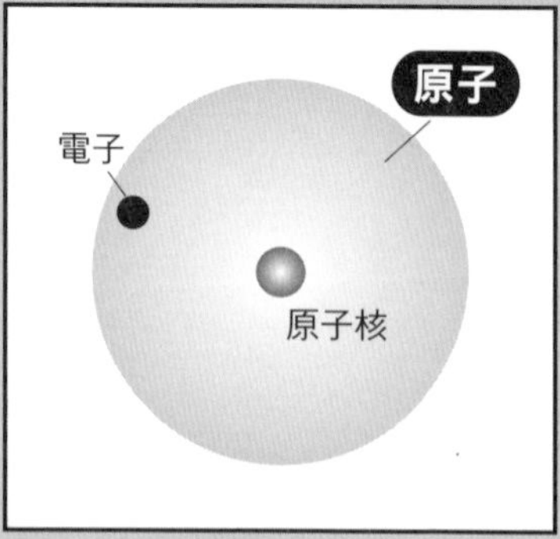

▲原子是由「原子核」與「電子」所構成的。

在內，都是由原子所構成。原子與原子之間，透過「靜電力」作用，連接成為各式各樣的「物質」。

原子是由「原子核」及「電子」所構成。電子繞著原子核運動，如果受到外在作用（如光或熱能等），就可能會脫離原子核，而這種脫離原子核的電子就稱為「自由電子」；自由電子在可以導電物質的原子間自由運動，就形成為「電流」。

人體也有電流？能夠使用智慧型手機的原理

我們可以用手觸碰螢幕來操控智慧型手機，你會好奇這是什麼原因嗎？其實這是利用了手指觸控螢幕的「電容」或「電阻」性質。

你是否也有這樣的經驗？每到冬天，只要碰到其他人的手或是門把，就會劈啪一聲感覺到很痛；或是脫下毛衣時就會聽到劈啪劈啪的聲響，其實這些都是「靜電」在作祟。

當兩個物體相互摩擦，原本在甲物體上的電子就會移動到乙物體上，因而在乙物體的表面累積過多的電子，而甲物體的表面則失去電子，這樣的現象就是靜電作用。靜電在空氣乾燥時容易產生，因此在空氣乾燥的冬季比較常發生。

人的體內也有電在流動或累積；那當然只是很微弱的電流，用不著擔心觸電。現在智慧型手機的螢幕操控，大部分都是使用「電容式觸控」面板，也就是利用累積在人體內的電。其原理是當手指接近螢幕，螢幕就會對人體的微弱電流產生反應，因此能夠利用觸控螢幕來進行操作。

因為指甲不導電，所以如果用指甲接觸螢幕不會有

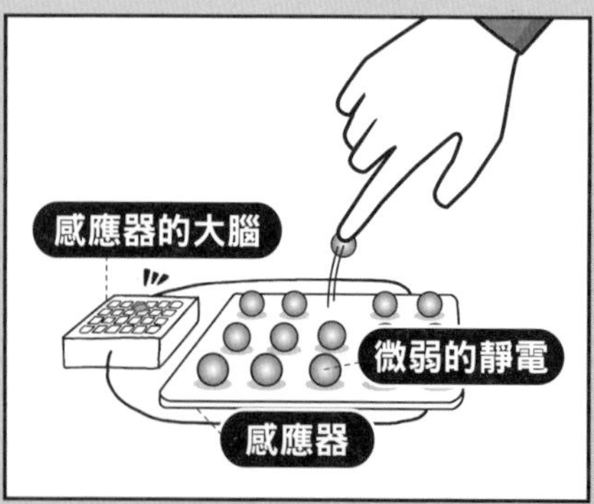

▲手指碰觸智慧型手機的螢幕，就會感應螢幕畫素單元的電容改變。

反應。此外，戴上一般手套也無法操作螢幕；因為多數的手套都是用毛線或真皮等不導電的材質製作。所以最近市面上出現用「導電紗線」這種可導電的特殊材料製作的智慧型手機專用手套。

與閃電一起劃過天際的「雷」也是靜電引起的自然現象

另外，在大雨時觀察到的「落雷」和「閃電」，是靜電引起的自然現象，也就是雲裡水滴和冰晶累積形成的靜電，相互作用而引出巨大聲響與閃光。

產生閃電的雲，由許多冰晶構成，因為這些冰晶會互相摩擦產生電流而引起「放電」現象。放電製造出雲與地面連接的通道，電經過這條通道，因此產生地面上觀察到的「閃電」現象。

閃電多半呈現為曲折狀，那是電流為了在原本不導電的空氣中，尋找容易導電的通道所導致。此外，伴隨閃電所產生的轟隆雷聲，則是因為電流經過空氣通道遇熱急速膨脹，劇烈搖晃四周空氣所產生的震波。也就是說，那不是閃電發出的聲音，而是四周空氣振動發出的聲音。

話說回來，照理說眼睛應該看不見電，為什麼卻能夠看到閃電所發出的光呢？那是因為放電時釋放出強大的能量，因此散發出光亮。如同在黑暗的環境下觸摸門把，有時能夠看見靜電產生的瞬間閃爍藍白光。閃電的能量遠遠比門把上的靜電作用強大，所以我們能夠清楚看到閃電。

特別專欄

爲什麼雷聲會比較慢聽見？

遠方的閃電發出閃光之後，過了幾秒才會聽見雷聲，是因為光與聲音的速度不同。光的速度每秒約 30 萬公里，而聲音的速度每秒約 340 公尺（0.34 公里），也就是說，光幾乎是一瞬間就出現，但是聲音抵達的速度會比光慢上許多。

我們只要利用這個速度上的差異，就能夠推測觀察者與雷電來源位置之間的距離。當閃光後過了 3 秒後才聽見雷聲，表示觀察者與雷電大約距離 1 公里；過 9 秒表示大約距離 3 公里。順便補充一點，一般來說能夠聽見雷聲的最遠距離，據說是 3 公里。

電是如何被發現的？

電的發現是在紀元前，起因是寶石？

「電」是在什麼時候被發現的呢？接下來將介紹歷史上與電有關的發現、發明及人物，談談電的歷史。

電的發現據說是在紀元前。在距今約兩千六百年以前，希臘哲學家泰利斯（Thalēs）發現用毛皮摩擦琥珀之後，琥珀能夠吸附鳥的羽毛。琥珀是一種遠古時代樹木的某種液體所形成的化石。琥珀能夠吸附羽毛是因靜電在作用，原理如同二十八頁所說明。當拿塑膠墊板摩擦頭頂後再拿開，塑膠墊能夠使頭髮豎起來，也是相同的原理。只是當時的人不知道那是電所引起的，還以為「琥珀具有吸附物品的神奇力量」。

後來經過大約兩千年才知道真正的原因是由於靜電作用。電的英文「electricity」就是來自於古希臘文的「ἤλεκτρον（希臘文的Elektron）」，意思就是琥珀。

在電的研究上，貢獻最大的是青蛙？

牛頓最有名的故事是觀察到蘋果從樹上掉下來，因此發現萬有引力。同樣的，人類其他偉大的發現，很多也是來自意想不到的地方。

在距離現今大約兩百年前，義大利醫生伽伐尼（Luigi Aloisio Galvani）在進行青蛙解剖實驗的時候，注意到以鐵棒固定的青蛙腿會因為接觸到手術刀而抽動，因此發現「以兩種金屬接觸青蛙腿，就會引起痙攣」。這一項發現在當時引起非常大的迴響，也成為許多學者著手研究電的

契機。

青蛙腿會發生痙攣，是因為兩種金屬產生的電流通過青蛙腿的緣故。這點在後人的研究中獲得了證實。

動了!!
抖抖

伏打發明世界第一顆電池 他的名字成為電的單位

各位知道與電有關的單位有哪些嗎？常用的單位包括「伏特（V）」、「安培（A）」、「瓦特（W）」等。伏特是「電壓」單位。關於電壓，將在四十三頁中詳細說明。

伏特這個單位名稱來自於義大利物理學家伏打（Alessandro Giuseppe Antonio Anastasio Volta）。他從伽伐尼的研究出發，研究兩種金屬間的電性質，發表電在兩種金屬之間的「電位差（將會在四十三頁中說明）」，也就是「伏打定律」。

此外，他也因為發明世界上第一顆電池而聞名。他發現銅與鋅這兩種金屬，再加上食鹽水，只要有這三樣東西就會產生電，因此發明構造如下圖的「伏打電池（也稱為伽伐尼電池）」。在銅和鋅之間夾上泡了食鹽水的布，就會產生電。後來發展成現在一般使用的電池。

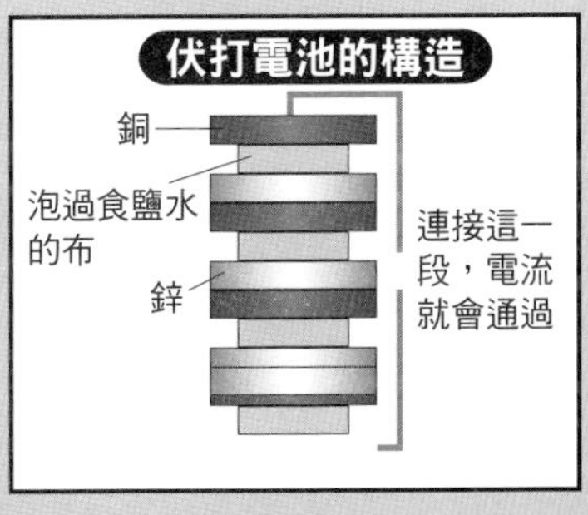
伏打電池的構造
銅
泡過食鹽水的布
鋅
連接這一段，電流就會通過

發明發電方法的「電磁學之父」

音樂教室裡經常會掛著，人稱「音樂之父」的巴哈肖像，擁有發現許多衛星等豐功偉業的伽利略則被稱為「天文學之父」。由此可知，在某個領域留下重要發明或歷史貢獻的偉人，就會被稱為「○○之父」。

英國物理學家法拉第（Michael Faraday）在電領域有莫大功勞，被稱為「電磁學之父」。他發現磁鐵在線圈（捲成螺旋狀的電線）附近移動就會產生電，稱為「電磁感應定律」，成為發展發電機的原理。

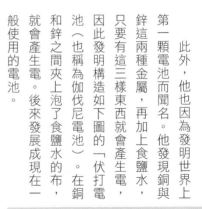

法拉第更進一步發明，在兩個磁鐵中間轉動金屬圓盤，可以獲取連續電流的方法。接著，他還找到方法，將電能轉換成機械能（動力）使用。他的這些發現與發明，現在仍運用在發電機與馬達等電機設備中。

大幅改變人類歷史，「發明王」愛迪生的電燈泡

各位或許不熟悉前面提到的那些偉人科學家。不過接下來這個人，大家應該都聽過吧？他就是講到電的時候，一定會提到的偉大發明家愛迪生。他最有名的事蹟就是改良了白熾燈泡。

在電燈泡普及之前，夜間照明器具是蠟燭、油燈以及瓦斯燈等。在一片黑暗中點燃火光雖然會變明亮，不過要以那樣的亮度來看書或唸書，還是有點太暗了。於是，用電釋放強光的電燈泡問世，人類因此得以在夜晚唸書或工作，以及從事各式各樣的活動。電燈泡的發明可以說是改變人類歷史的大事。電在通過電阻大的導電線材時，因為需克服電阻作功，就會發熱，在超過一定溫度之後，就會發光。電燈泡，就是利用這個原理，讓燈泡內的材料（燈絲）發光。不過必須找到適合的導電線材，不會因為過熱而燃燒，並且能夠長時間穩定發光。愛迪生為了找到適合當作發光的材料（燈絲），反覆實驗了上百、上千次。

特別專欄

日本對電燈泡發明也有貢獻？

愛迪生為了發明電燈泡，做過上千次的實驗，花了很大一番功夫後，最後找到的材料是「竹子」。竹子堅韌且耐久放，做成細絲也不易折斷，這是他當時取得的物質之中最適合當作燈絲的材料。

於是他收集全世界的竹子進行實驗，最後認為生長在京都石清水八幡宮的真竹是最適合的。石清水八幡宮有一座愛迪生紀念碑；在愛迪生的誕辰2月11日這天，也會舉辦愛迪生誕辰祭典。

▲愛迪生紀念碑。

影像提供／石清水八幡宮

只能操縱到電池耗盡為止。

解開電之謎的偉人們

這些偉大的學者與發明家名字在今日已成爲電的單位

前面（三十一頁）已經提到電壓的物理單位「伏特（V）」是紀念自伏打這位科學家。同理，各位是否對其他電的單位感到好奇呢？事實上「安培（A）」與「瓦特（W）」也是源於科學家人名，以紀念其貢獻哦。

●安培（André-Marie Ampère）

法國物理學家也是數學家。他在進行電磁實驗時發現電流在導線中通過，就會產生磁力，他也建立表示電流與磁場關係的「安培定律」，電流方向與磁場方向的關係可以用「安培右手定則」表示。電流的物理量單位「安培（A）」，就是為了紀念他的科學研究貢獻。

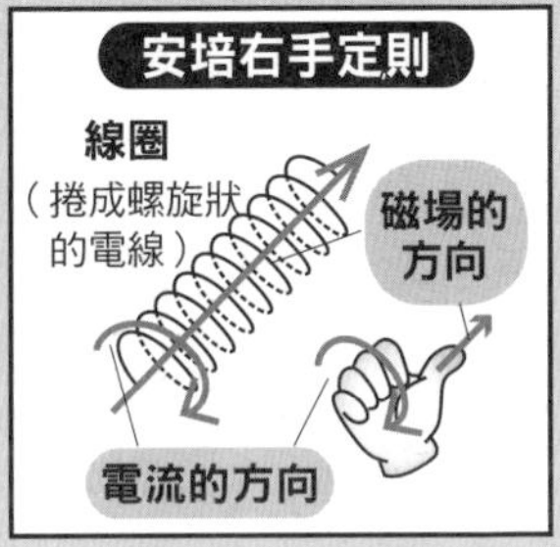
安培右手定則
線圈
（捲成螺旋狀的電線）
磁場的方向
電流的方向
▶「安培右手定則」表示電流走向與磁場方向的關係。

●瓦特（James Watt）

英國發明家。他改良同為英國人的湯馬斯（Thomas Newcomen）所發明的蒸汽機，對世界工業革命有很大的貢獻。功率（單位時間的能量轉換效率）的單位「瓦特（W）」就是為了紀念他的貢獻。

▼瓦特的蒸汽機。

●歐姆（Georg Simon Ohm）

德國物理學家。表示電流通過難易度的電阻，其單位為「歐姆（Ω）」，即為紀念他的貢獻。「歐姆定律」的定義為，電阻＝電壓×電流；或是電壓＝電流×電阻。亦即，相同電流通過較大的電阻，所需的電壓也要較大。這部分內容，在國中理化課程中會學到。

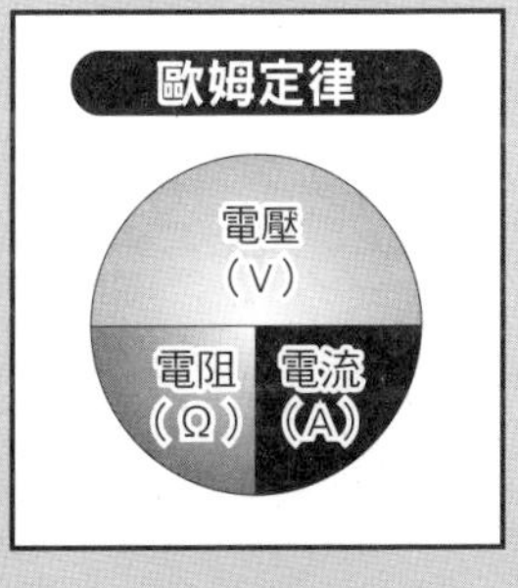
歐姆定律
電壓
（V）
電阻
（Ω）
電流
（A）
▶歐姆定律是指電壓等於「電阻×電流」。

發明家出列！其他與電有關的學者們

另外還有許許多多的科學家發明與電有關的定律及發現電的使用方法，底下將介紹他們對電的貢獻。

●弗萊明（John Fleming）

弗萊明是英國物理學家及電機工程師。國中理化課程會學到的「佛萊明右手定則」與「佛萊明左手定則」就是以他的名字命名的。這兩個定則是以手勢來表示電流、磁場及力的方向，方便理解與記憶法拉第的「電磁感應定律」。

●克希荷夫（Gustav Robert Kirchhoff）

克希荷夫是俄羅斯物理學家。他發明了電路學使用的「克希荷夫定律」（在高中物理課會學到）。他也是發現銫元素與鉫元素的人。這項定律包括電流定律與電壓定律，與歐姆定律同樣廣為電路計算使用。

●富蘭克林（Banjamin Franklin）

富蘭克林是美國政治家及物理學家。他使用風箏實驗證明雷電是靜電產生的現象。後來更發明「避雷針」，目的是預防閃電的電擊，將閃電的電流安全引導至地面。

▲避雷針。

影像提供／NIP 工程學（股）公司

●平賀源內

平賀源內是日本江戶時代（一六〇三至一八六八年）的學者。除了發明靜電製造裝置（Elekiter）之外，他還發明並製作了計步器、溫度計、防火布（不會燃燒的布）等許多東西。他也構思出日本新年常在神社等地方販售的破魔箭、發明在「土用丑日（註：大約是在每年七月十九日至八月七日之間的某一天或某兩天。）」要吃鰻魚的習俗等，堪稱是一個點子王。

百萬伏特電眼

我們一起寫作業吧！
才不要呢！每次跟大雄一起寫作業，都只有我一個人在想，你只會用抄的。
靜香，來我家吧！我家有家庭老師喔！
好啊。

長得又不是很帥，
幹嘛看得那麼入神？
果然……連你也這麼認為啊。
就是因為我長得不夠帥，才會惹人厭。
長得不帥有什麼不對啊？
※捶打
冷靜點!!
那跟你長得不帥沒有關係啦。
誰叫你都不好好做作業呢……
不，絕對是長相的關係！
如果我長得帥一點，靜香一定會迫不及待來我們家的。
嗚嗚～我好恨喔！為什麼媽媽把我生得這麼醜……
好吧！看你這麼可憐……
就給你「百萬伏特電眼」吧！

急急電流發射器Q&A

Q 「伏特」是表示什麼的單位？①電力 ②電流 ③電壓

眼鏡借我一下。
把它黏上去……
然後眨一眨眼睛……就好像身上有百萬伏特的電力一樣……
パチパチ
※眨、眨
ビリッ
※驚~
哆、哆啦A夢、我、我、我……
我都沒發現……
原來我夢寐以求的人就近在眼前啊！
夠了！好噁心喔!!
你知道它的威力了吧。
只要有這個，不起眼的人也會變得很受歡迎的。
就連你也一樣。
我這就去把靜香帶來。

A ③電壓。伏特（V）是電壓單位。詳情請見四十二頁。

急急電流發射器Q&A

Q 乾電池連接電燈泡時，能夠讓燈泡變得更亮的連接方式是什麼？①串聯 ②並聯

A ①串聯。串聯時，乾電池的數量增加，電燈泡就會變得更亮。並聯的亮度不會改變。

急急電流發射器Q&A

Q 可用來製作電磁鐵的是下列何者？①鋁罐 ②不鏽鋼罐 ③寶特瓶

A ②不鏽鋼罐。裡頭參雜了很多鐵的成分，因此當作線圈中心，就能夠變成電磁鐵。

「電流」與「電壓」有什麼不同？

「電流」是電流通過的量；「電壓」是使電通過的力量

在三十一頁裡說明過，安培（A）這個單位表示的是「電流」，伏特（V）表示的是「電壓」。這兩者有什麼不同呢？簡單來說，「電流」是指單位時間內通過導線截面的電荷量，「電壓」則是指驅使電流在導線中流動的能力。

這麼說各位或許難以想像，讓我們以水做為例子。

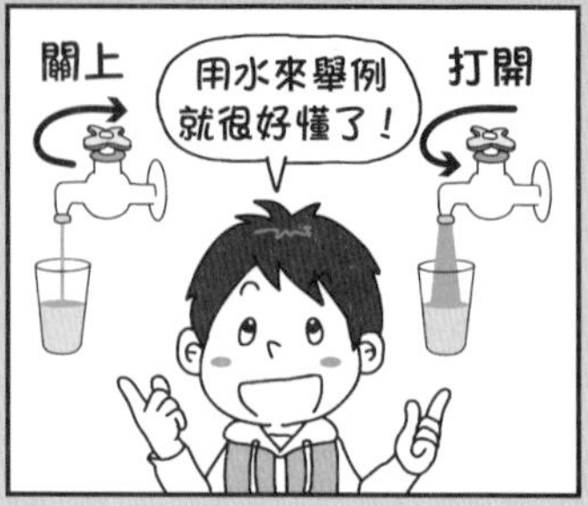

自來水從水龍頭流出來，此時水龍頭轉開越大，推擠水的力量增加，從水龍頭流出來的水量也會變多。相反的，如果把水龍頭轉小，推擠水的力量就會減小，水量也會變少。回到電的情況，從水龍頭流出的水量就是電流，把水推出水龍頭的力量就是電壓。

朝同樣方向流動的「直流電」流動方向會改變的「交流電」

電流在導線中的流動方式分為「直流電」與「交流電」兩種。直流電是指電流朝著固定方向流動；而流動的強度也維持相同的，稱為固定電流強度的直流電。相反的，交流電則是指電流的流動方向與電壓會隨時間而改變；家用電流就是週期性變化的交流電。

在生活中有許多使用直流電與交流電的情況。例如，乾電池屬於直流電；乾電池的電流有固定方向。乾電池凸起的地方是正極，平坦的底部是負極。靠乾電池運作的電器，乾電池推動使電流由正極流向負極。使用直流電元件的電器，裝設乾電池時，要有固定的方向，如果正極與負極裝反的話，就無法形成通

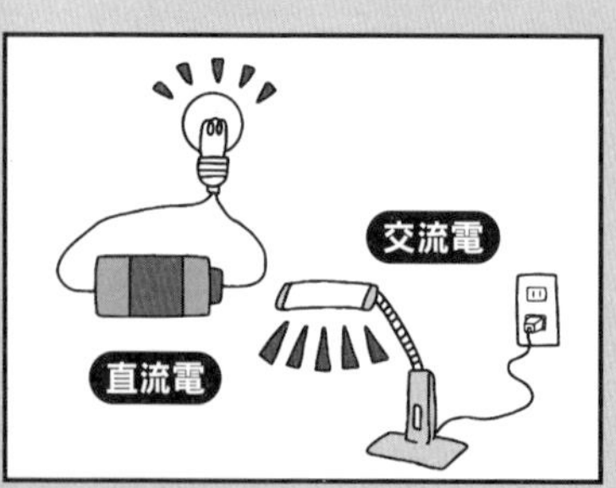

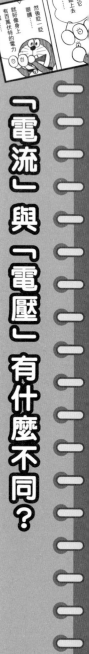

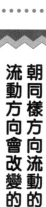

道讓電通過直流元件，電器也就沒有反應。相反的，交流電則沒有固定的正極與負極，其正電流（電壓）與負電流（電壓）會隨著時間交替變換。台灣家庭裡的插座，使用的就是電流方向會改變的交流電。

電功率是指在單位時間內電流作功的能力

電器在電流與電壓的作用下，在一定時間內發揮作功的能力，這稱為「電功率」。電功率指的是電器使用或消耗電能的能力，可以底下的公式表示：

電功率（W）＝電壓（V）×電流（A）

電功率代表家電產品或電子儀器運轉時，在某段時間內使用的電量，即為「消費電力」。依據上式，電器使用的電流量越大，電功率也越大；或施用的電壓越大，電功率也跟著越大。

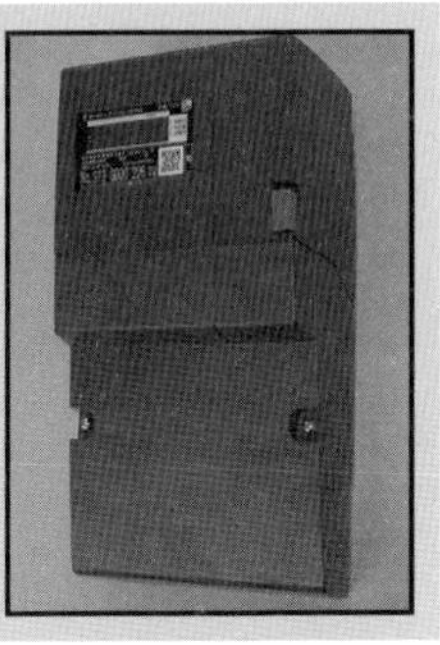

▶檢測消費電量的電錶（智慧電錶）。

影像提供／東京電力 TEPCO Power Grid, Incorporated

電功率的單位是瓦特（W）；家庭用電多半以「kW（千瓦或瓩）」表示。kW這單位與km（公里）、kg（公斤）相同，表示是W（瓦特）的一千倍。

家裡電器的實際使用電量稱為「消費電量」。消費電量＝消費電力×使用時間，以「kWh（千瓦小時或瓩時）」表示，常稱為「度」。家裡每個月繳的電費，就是根據這個消費電量計算出來的。

電很方便，卻也有危險的一面

或許有不少人聽過爸爸、媽媽、學校老師說「不可以摸電線」、「打雷時不可以靠近大樹」等等。為什麼不行呢？因為太多電流通過身體的話，是很危險的。

各位或許有在漫畫或動畫中看過，以電流通過身體後連骨頭都看見的畫面，來表現「觸電」或「電擊」。畢竟只有漫畫或動畫才能故意以這種有趣的方式呈現，實際上如果真的觸電的話，可就大事不妙了。電流通過身體時，是會造成痛苦和傷害的。

在二十八頁也提過，人的體內平常有電流通過，這些電流的量非常少，對身體不會有影響，所以用不著擔心。

但是手碰到門把，就產生靜電，這些靜電在人體流動，比人體內平常流動的電量更多，被電到的瞬間，手會很痛。儘管如此，也是只有幾毫安（mA，表示安培的千分之一）而已，電量非常的少，所以只會覺得痛。當電流流過人體時，一般人的身體會按照電流量的大小，產生以下的反應：

- **0～0.5 mA** 感覺不到電流。
- **1 mA** 些微的刺激感，感到有點刺刺的。
- **5 mA** 覺得痛。
- **10 mA** 呼吸困難。感受到難以忍受的疼痛。
- **20 mA** 身體無法自由活動，長時間接觸，有死亡的危險。
- **50 mA 以上** 承受非常強烈的電擊，無法呼吸。造成心臟停止與灼傷等，造成死亡的可能性提高。

電流的數字越大，也就是身體通過的電流量越多的話，對身體的影響也就越大，最嚴重甚至可能喪命。因此，電固然方便，但如果使用不正確，就會變得十分危險。這點請各位務必記住。

特別專欄

爲什麼小鳥停在電線上不會觸電？

路上常見的電線，是以一般家庭用電的大約六十倍的電壓送電。烏鴉與麻雀等鳥類經常停留在電線上，為什麼牠們不會觸電？因為牠們站立的腳只碰到一條電線。

電流要有迴路通道才能夠流動。兩隻腳踩在一條電線上時，電流只會在電線流動。假如兩隻腳各踩在一條電線上，或是一隻腳接觸電線，且同時另一隻腳接觸地面的話，電流就會通過體內造成觸電。人通常是站在地上，如果身體接觸電線或碰到電器裸露的電路，就會產生觸電，十分危險。

電讓「馬達」運轉的原理

馬達把電能轉換成機械能

那麼，吸塵器、冷氣等電器是如何能夠運轉的呢？關鍵就是「馬達」。馬達又被稱為「電動機」；如名稱所示，就是靠電力驅動的機器，也就是把電能轉換成機械能，使機器運轉的裝置。

電流通過馬達之後，就會在馬達裡變成電能，轉動馬達的軸心，利用這個力量使電器運轉。馬達運轉的力量，會因電流大小而改變；通過馬達的電流越大，馬達就會產生越大的旋轉作用。

▲許多機器都用到馬達。

不只是家電產品有運用到馬達，在哆啦A夢漫畫中經常出現的遙控模型等使用電力驅動的玩具，也多半使用馬達；這類玩具裝上電池通電之後，馬達把電能轉換成機械做功，玩具就能夠動起來。

馬達的工作原理是利用電磁鐵的作用

那麼，馬達又是根據什麼機制運轉的呢？馬達運轉的機制是利用前述（三十一頁）法拉第發現的電磁感應定理；而馬達運轉工作是根據前述（三十四頁）介紹的「弗萊明左手定則」原理。電線在鐵棒上捲好幾圈，做成線圈。線圈通電後會產生磁場，鐵棒受磁場作用變成磁鐵，就是「電磁鐵」。電磁鐵可看作是磁鐵，有N極與S極。但與一般磁鐵不同的是，電磁鐵的電流方向一旦改變，N極與S極也會互換位置。

當磁鐵的N極與另一磁鐵的S極彼此接近就會相吸；磁鐵的N極與另一磁鐵的N極靠近，或S極與S極靠近就會互斥，這一點各位應該都知道吧？馬達就是利用磁鐵的這種同性相斥及異性相吸的性質。此外，當通過電磁鐵的電流方向改變，N極與S極就會互換，產生極性改變而改變相斥作用。

在馬達外圍分別裝上N極與S極的磁鐵，中間裝上能夠轉動的電磁鐵。順便補充一點，四周的磁鐵稱為定子（Stator），中間的電磁鐵稱為轉子（Rotor）。這就是馬達的構造。線圈一旦通電，電磁鐵（轉子）的兩極與磁鐵（定子）同性相斥、異性相吸，電磁鐵就會旋轉動起來。

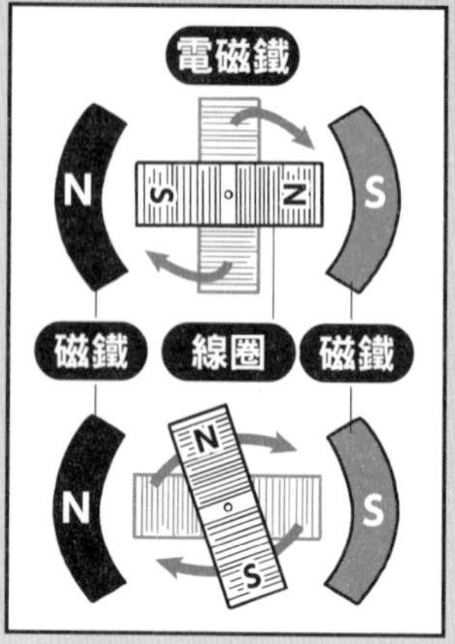

◀馬達是利用磁極同性相斥、異性相吸的力量旋轉。

一旦電磁鐵轉動起來，電磁鐵會在與磁鐵異性相吸的位置停下來，所以必須在快要相吸而停止前，轉換電流方向，讓電磁鐵的N極與S極互換。這麼一來，原本相吸的異性磁極，就會變成互斥的同性磁極。隔一段時間，電磁鐵的電流方向轉換，原本互斥的同性磁極反而變成相吸的異性磁極。反覆這樣的動作，電磁鐵就能夠持續旋轉。

「使用」電的是馬達，「產生」電的是發電機

在前面有提過，大自然中也存在著電。但若要供應日常生活使用的話，必須生產製造大量的電才夠用。

那麼，電是如何製造的呢？製造電的行為稱為「發電」，而製造電的機器稱為「發電機」。

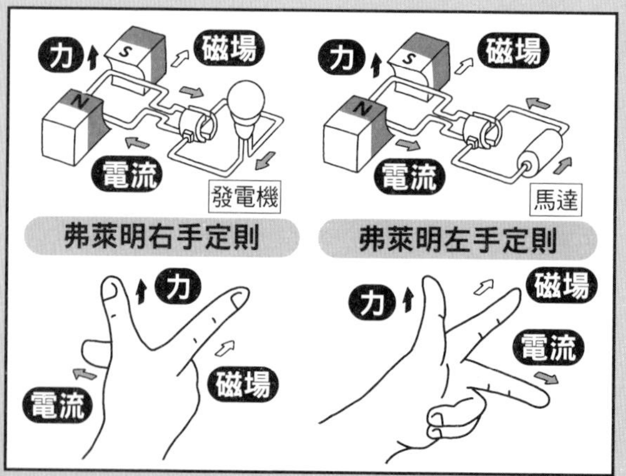

參考／日本四國電力公司官方網站

發電機的原理與馬達原理相同。馬達是利用線圈迴路的電流與磁場作用，而產生機械運動，發電機是利用線圈在磁場中的機械運動，而產生電流。發電機是根據法拉第發明的「電磁感應定律」，而馬達工作則是根據「弗萊明右手定則」。

裝在腳踏車上的車燈是我們最常接觸到的發電機

▲腳踏車的發電機。

最近有越來越多東西只要開關一開就會發光，裝載在公共腳踏車 Ubike 和 Cbike 前輪側邊的側燈，就是因為通電才會發光。

這類的車燈是利用腳踏車行進時車輪的轉動來發光。雖然亮度有限，不過只要踩踏的力量越大（行進速度越快），車燈就會越亮；踩踏的力量變緩（行進速度越慢）就會越暗；踏板的踩踏動作停止後，燈光就會消失。

利用這種方法發光的車燈，通常在前輪側邊，會裝上一個圓筒狀物體，或是前輪車軸會比較粗，這種發電裝置是稱為「dynamo 發電花鼓」的發電機。發電機的轉子跟著腳踏車的前輪一起轉動，就能夠把車輪轉動的力量轉換成電力，使車燈亮起來。

特別專欄

有些動物能夠自體發電

有些動物的身體能夠發電，用以電擊對手，當中最具代表性的就是電鰻。牠的電壓居然可以高達 800 伏特！一般家庭使用的電壓大約 100 伏特，也就是說電鰻能夠釋放 8 倍強的電。

電鰻的體內能夠發電，牠利用微弱的電當作雷達，尋找小魚，再釋放強大電力麻痺對方。當然，牠的身體是不會觸電的。除此之外，其他還有電鯰、電鰩等動物也都能夠自體發電。

運用在各種地方的「馬達」

直線運動的線性馬達

各位應該都了解馬達運轉的原理了吧！那麼接下來將介紹馬達有哪些種類，及有哪些應用。

一般的馬達是透過線圈迴轉運動產生力量，而將這類馬達的構造改變為水平延伸，變成可以直線運動，就是「線性馬達」。

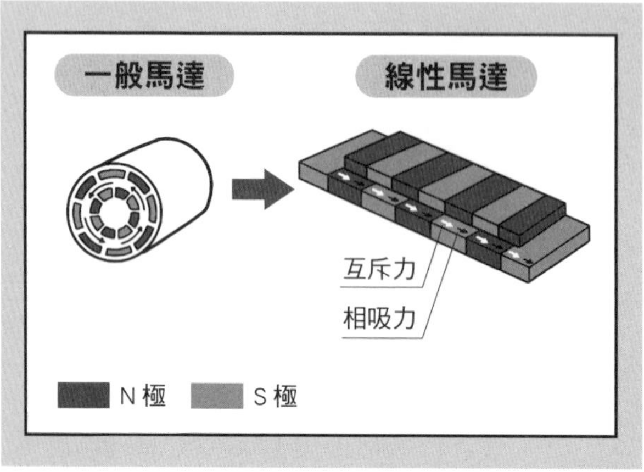

線性馬達的原理與一般馬達完全相同，也是利用電流在線圈產生的磁場與磁鐵作用，產生相吸與互斥的力量。一般馬達，位在中心的轉子（有線圈構成，通電成為電磁鐵），N極與S極交替旋轉。而線性馬達的構造，則是把轉子改成直線排列，N極與S極交錯放在磁鐵上，改變通過電磁鐵的電流方向，就會使得N極與S極互換，因而能夠產生直線移動。

舉幾個在日常生活中會用到線性馬達的例子。首先是日本地下鐵就有幾個「線性馬達列車」在運行，例如：一九九〇年大阪市營地下鐵啟用的長堀鶴見綠地線。現在，還有東京都營大江戶線、神戶市營海岸線、福岡市營七隈線、大阪市營今里筋線、橫濱市營綠線、仙台市營東西線等，都是線性馬達地下鐵。

此外，線性馬達也應用在電梯、電動窗簾以及爸爸刮鬍子用的電動刮鬍刀等。不過，使用線性馬達最具代表性的例子就是「線性馬達列車」。關於這一點將在八十五頁詳細說明。

除了磁力驅動，還有各式各樣的馬達

其他以各種不同原理製造出的馬達，最近也陸續出現在日常生活中。

當中有一種很特殊的馬達稱為「超音波馬達」。超音波是指人類耳朵聽不到的高頻音，海豚和蝙蝠都會發出這類聲音。超音波馬達是利用超音波振動，來促使轉子運轉。超音波馬達可運用在手錶、一顆按鈕就能夠開關窗戶的汽車電動窗、調節焦距的相機專用鏡頭等。

另外，還有一種馬達是「靜電馬達」。靜電馬達如名稱所示，就是利用靜電驅動。構造與一般馬達類似，不過不是使用磁力，而是利用靜電的相吸力與互斥力。

世界上最早創造靜電馬達的人，是富蘭克林（請參考第三十四頁）。

▲相機鏡頭使用的超音波馬達。

影像提供／Nikon Imaging Japan Inc.

靜電馬達在那麼久以前就存在了，只是因為力量太弱。再加上後來，線圈旋轉馬達成為主流，因此靜電馬達漸漸被人遺忘。不過最近因為機器逐漸邁向小型化，因此人們開始關注起靜電馬達。線圈旋轉馬達很難做到很小，靜電馬達卻能夠做成超小型。經過不斷的研究開發，靜電馬達的技術與性能也跟著提升。

特別專欄

電磁馬達的親戚「螺線管馬達」

有一種東西叫做「推拉式螺線管馬達」，能把電磁能轉換成機械能，來產生推拉式力量作功的裝置。因為能夠產生力量作機械功能，因此也被視為是一種馬達。只是螺線管的構造與馬達大不相同，十分簡單。

前面已經說過，馬達是利用線圈電流與磁鐵作用的原理來產生力量，而螺線管的原理是只要線圈通電，就會產生伸縮推拉式力量。由於構造簡單且價格便宜，因此最近也應用在汽車零件或家電產品上。

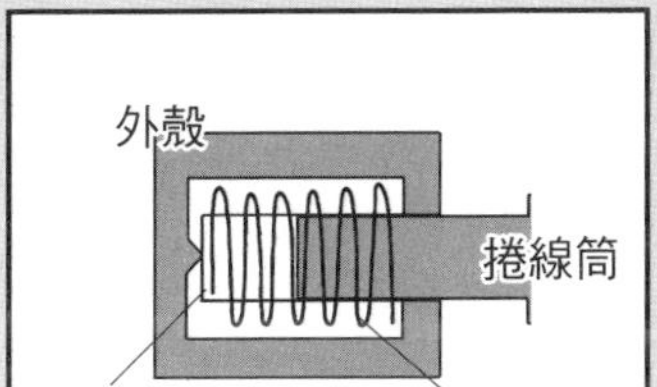

▲螺線管的構造比馬達更單純。

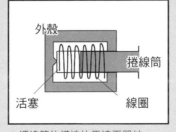

蓄電衣

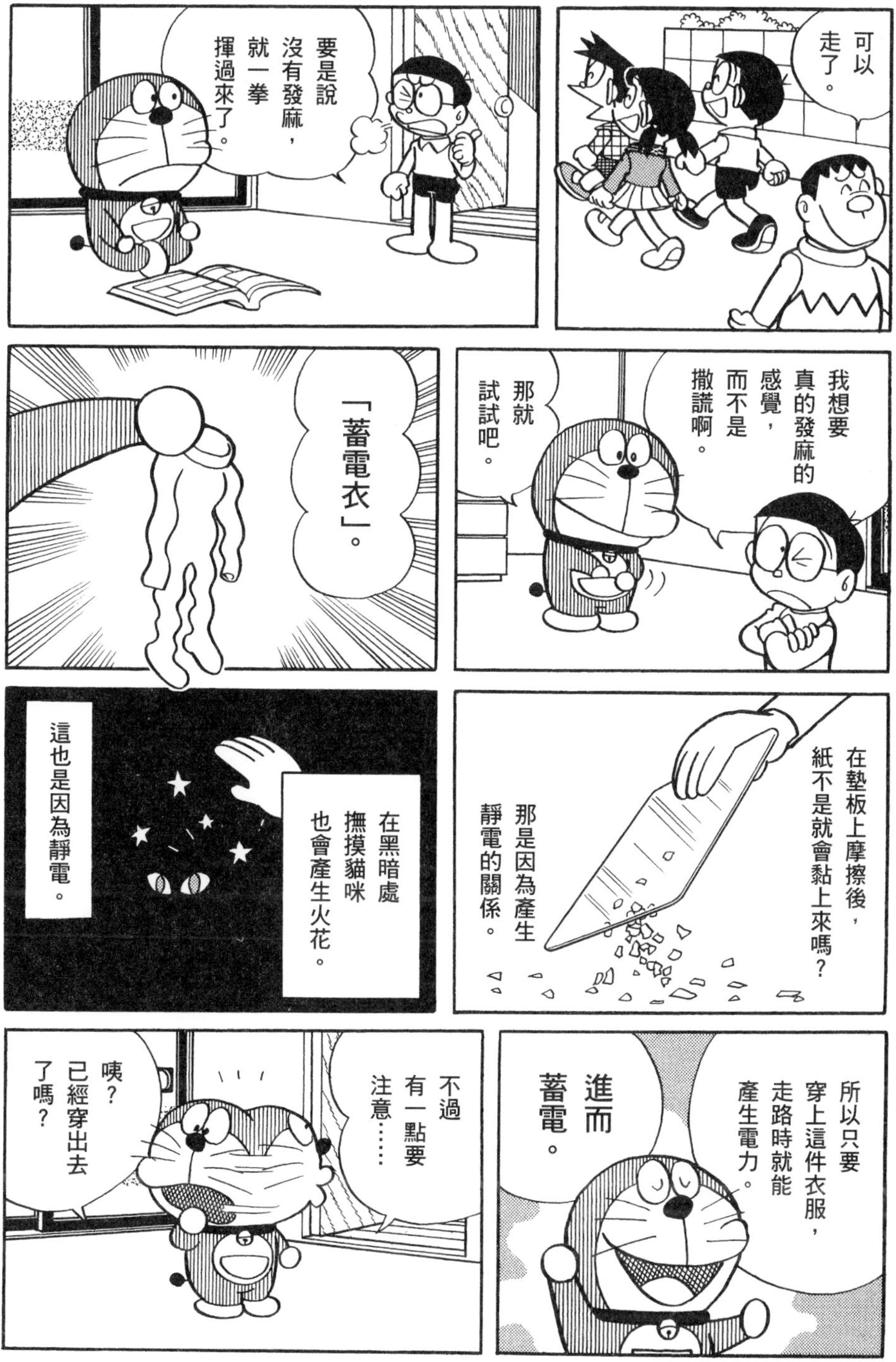
可以走了。
要是說沒有發麻，就一拳揮過來了。
我想要真的發麻的感覺，而不是撒謊啊。
那就試試吧。
「蓄電衣」。
在墊板上摩擦後，紙不是就會黏上來嗎？
那是因為產生靜電的關係。
在黑暗處撫摸貓咪也會產生火花。
這也是因為靜電。
所以只要穿上這件衣服，走路時就能產生電力，
進而蓄電。
不過有一點要注意……
咦？已經穿出去了嗎？

急急電流發射器Q&A

Q 日本最早設置的是哪一種發電廠？①火力發電廠 ②水力發電廠 ③核能發電廠

A ① 火力發電廠。一八八七年日本電力公司「東京電燈」完成第一座火力發電廠。

※電、電
開始放電了。
終於超過一萬伏特了。
ゴロゴロ
※轟～
※電擊
太過危險，根本無法接近。
別這麼說，快點救我啊。
只有快點用掉貯存的電力，別無他法。

「蓄電衣」。

居然有這麼多種！簡介各種發電法

我們平常使用的電是發電廠大量製造的

大自然中雖然也有電存在著，但是為了方便平常使用，人類必須大量製造電。

那麼，我們在家裡或學校等日常生活中使用的電，是在哪裡製造的呢？答案就是「發電廠」。發電廠採用的發電方式是利用「電磁學之父」法拉第（請參考第三十一頁）的發電機原理，讓線圈在磁場中旋轉。發電廠的發電機稱為大渦輪發動機，以每秒旋轉數十次的速度運轉著，藉此驅動發電機來製造產生電。

影像提供／東京電力 TEPCO Fuel & Power, Incorporated

▲發電機的蒸氣渦輪。

全球主要的發電方式是火力、水力、核能這三種

發電方式有好幾種，包括火力發電、水力發電、核能發電、風力發電、地熱發電、太陽光能發電、太陽熱能發電、波浪能發電、潮流發電、生質能發電等。

在這當中，世界各國最常用的是火力發電。火力發電占日本總發電量約百分之八十五，占台灣總發電量約百分之八十四，在全球則占了近百分之七十。接著才是一般民眾熟悉的水力發電與核能發電。在日本，這三種發電方式占所有發電量的百分之九十五以上。接下來將介紹主要的發電法。

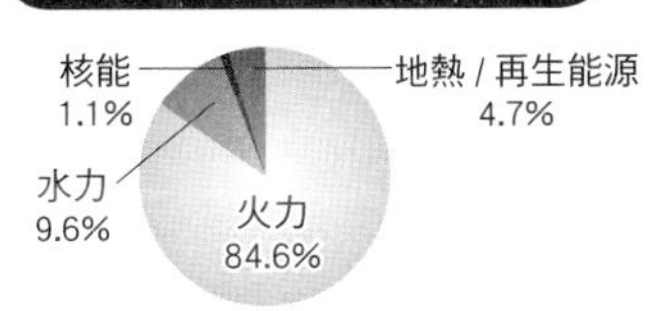
日本各發電來源的發電量比例
（2015 年）
核能 1.1%
地熱 / 再生能源 4.7%
水力 9.6%
火力 84.6%

▲本表參考日本電力事業聯合會「各發電來源的電量構成比」（2015 年五月20 日發表）製作。

※ 台灣各發電來源的發電比例，依據台電官網，民國 106 年火力發電量占比為 84.37%，水力占 1.44%，核能占 9.33%，再生能源占 4.87%。

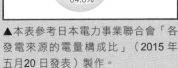

●火力發電

一般採用的方式是透過燃燒煤炭、石油及天然氣（以上稱為石化燃料）等燃料，將水加熱，產生高壓蒸氣轉動渦輪。在這些燃料當中，石油的利用比例逐年減少，煤炭與天然氣的利用比例則逐年增加。

相較於其他發電法，火力發電的特色是可以簡單的調整發電量，產量高且能夠穩定發電，因此是世界大多數國家的主流發電方式。問題在於燃燒燃料就會釋放出大量的二氧化碳，造成地球暖化。

▲燃燒石化燃料製造電的火力發電廠（日本姉崎火力發電廠）。

影像提供／東京電力 TEPCO Fuel & Power, Incorporated

此外，日本國內很難取得前述幾種石化燃料，現在幾乎都是仰賴國外進口。此外，蘊藏在地底石化燃料的量有限，人類繼續使用下去，總有一天會耗盡。

●水力發電

一般採用的水力發電方式，是利用水從高處往低處流的力量轉動水車。可分為水庫型、水路型等類型，當中能夠製造最大電力的是水庫型。

水庫主要是利用水泥建造巨型堤防，用以儲蓄河川等水量。日本最有名的水庫包括富山縣的黑部水庫、長野縣的高瀨水庫等。

水利發電利用大自然的力量，無須燃料，最為環保，也最適合有許多河川及海洋環繞的日本。但是，為了建設水庫必須有廣大的土地。

▲以水力發電為目的建造的黑部水庫。

影像提供／關西電力（股）公司

●核能發電

核能發電是使鈾、鈽等「放射性物質」發生「核分裂」反應，轉變成不同物質，並使用此時產生的熱能製造蒸氣，轉動渦輪。原理雖然與火力發電類似，不過無須燃燒石化燃料，因此不會產生二氧化碳有害空氣環境品質。

此外，鈾與鈽能夠產生許多熱能，發電產量高且穩定。發電成本也不比其他發電方式高。

但需要考慮的是，核分裂產生的放射性物質一旦大量外洩，將會嚴重影響四周環境。一旦意外發生，就有可能帶來莫大的傷害，因此必須備妥必要的安全對策，避免意外情況發生；例如二〇一一年三一一東日本大地震時，所發生的福島第一核能發電廠意外。另外，用完的燃料（核廢料），儲存地點應該放在哪裡，和處理方法都是很大的問題。

影像提供／關西電力（股）公司

▲核能發電廠利用核分裂反應發電（日本大飯發電廠）。

環保的再生能源

相較於火力發電所需要的煤炭與石油等石化燃料資源有限，水力發電這類利用大自然力量的發電方式則可以再生，資源也不會消失，雖然水力發電每平方面積獲得的電量少，且適合的土地較少，卻是很環保的發電方式。

這類利用大自然的力量所產生的能源統稱為「再生能源」，也是世界各國今後希望推廣的目標。接下來將介紹這些再生能源。

●風力發電

利用風的力量轉動風車發電，這是全世界目前所開發出的再生能源中，發電量最多的方式。風力發電在風大的地區能夠有效發電，目前已經有一些國家，總發電量的百分之三十以上都是靠風力發電。

影像提供／東京電力控股（股）公司

▲靠風力轉動風車發電的風力發電廠（日本東伊豆風力發電廠）。

●**地熱發電**

地熱發電利用火山活動的岩漿等位在地下的高溫熱，用以製造蒸汽發電。不管白天夜晚都能夠常保穩定發電，適合火山多的日本。

●**太陽熱能發電**

太陽熱能發電使用鏡子等裝置收集太陽光，再利用其熱能製造蒸汽，轉動渦輪發電。工作原理與火力發電相同，技術上不是太困難，但必須有廣大的土地，建設成本很高，發電量卻不是很高。

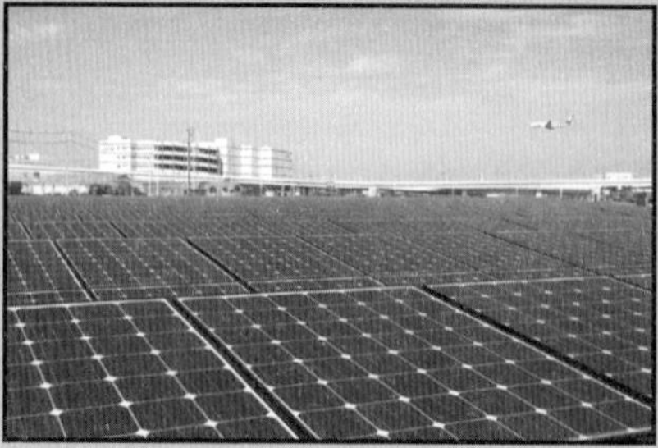

◀位於川崎的大規模太陽光能發電廠。

影像提供／日本川崎市環境局地球環境推進室

●**太陽光能發電**

太陽光能發電利用太陽能板，從太陽光吸收能量發電。工作原理是直接使太陽能板受光，電子就會激活的性質來發電，而不使用渦輪來發電。現在已有家庭在住家屋頂裝設太陽能電池（太陽能板）來發電。

●**海洋能發電**

利用海洋能源發電的方式，包括「海流發電」，利用海流等潮流產生的力量發電；「波浪能發電」利用海浪上下運動產生的力量發電；「潮流發電」利用潮汐漲退的力量發電等許多方式。適合海洋環繞的日本，不過建設成本很高，發電量卻很少。

●**生質能發電**

「生質」是指生物性物質。生質能發電是從動植物取得的「生質燃料」，例如利用木屑、菜梗、果皮、廚餘、家畜排泄物等腐爛後，產生的可燃氣體，用以燃燒發電。生質能發電能夠減少垃圾並有效善用資源，因此近年來受到矚目。

生質能發電的做法是以可燃氣體為燃料，所以與火力發電一樣會排出二氧化碳。不過被當作燃料的植物，會透過光合作用吸收二氧化碳，因此排出的二氧化碳在一出一入之下，幾乎等同於零排出。

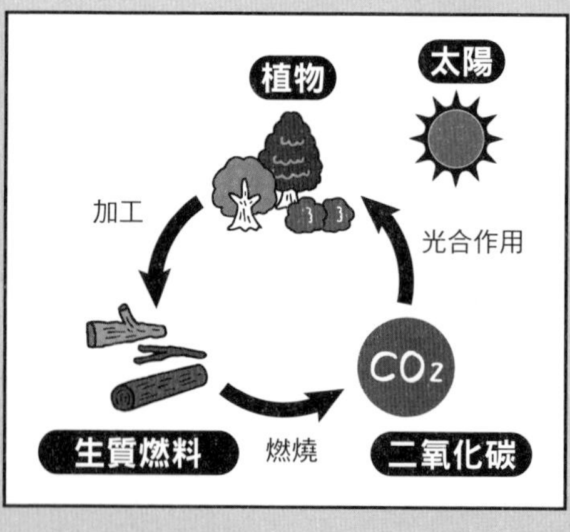
植物
太陽
加工
光合作用
CO_2
生質燃料
燃燒
二氧化碳

▶生質能發電的循環。

人類努力的結晶！發電的歷史

世界第一台發電機大約一百九十年前發明

那麼，人類是從什麼時候開始像現在這樣，由發電廠發電供民眾使用呢？

世界上最早的發電機出現在西元一八三二年，當時的日本正值江戶時代，處於鎖國時期※。法國工程師波利特・皮克西（Hippolyte Pixii），根據法拉第的「電磁感應定律」發明用手轉動的發電機（可參考四十七頁）。這是世界上第一個實用性質的發電機。

皮克西的發電機是以徒手轉動把手，使固定在線圈旁邊的U形磁鐵旋轉而生電。這也是現代發電機與馬達（電動機）的基礎設計。

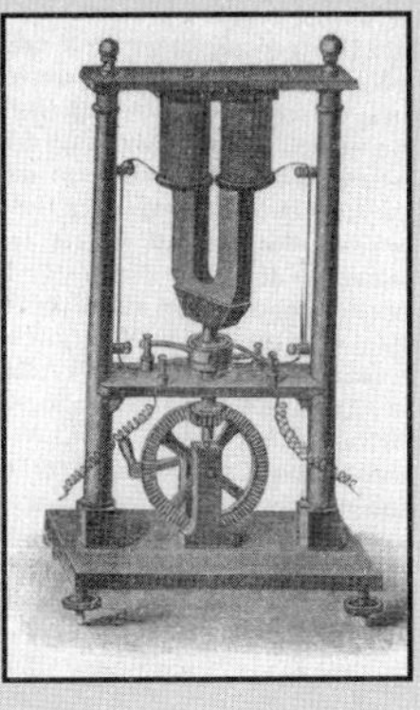
▶皮克西發明的手轉式發電機。

※註：日本江戶時代的鎖國政策從一六三三年開始，禁止外國船隻進入日本，唯荷蘭與中國人可到長崎做生意。在國外日本人也禁止回國，並驅逐日本國內的外籍配偶子女等。直到一八五三年，美國船艦強行闖入才解禁。

建造世界第一座發電廠的人是愛迪生！

直到一八八二年，距離皮克西發明世界第一台發電機大約五十年後，世界第一座發電廠落成。「發明王」愛迪生為了點亮許多電燈泡，在美國紐約州興建燃燒煤炭的火力發電廠。

另一方面，日本第一座發電廠則是在一八八七年建立。這座燃燒煤炭的火力發電廠就位在距離現在

東京車站所在位置一公里遠的地方（現在是知名的銀行街——日本橋茅場町）。此後，經過不斷研究並提升技術，出現各式各樣的發電廠。目前支撐著日本日常生活的發電廠，超過一千四百座。

順便補充一點，不管是世界第一座發電廠或是日本第一座發電廠，都是「直流電」發電廠。但是要把電送到遠處時，最好是以高壓電的形式送出，再逐漸降壓，這樣才能夠減少電的耗損（如六十一頁所述）。交流電能夠自由改變電壓，而直流電不易改變電壓。因此，後來發電廠使用交流電，取代直流電，成為輸送電主流。

特別專欄

何謂「電力自由化」？

日本現在有北海道電力、東北電力、東京電力控股、北陸電力、中部電力、關西電力、中國電力、四國電力、九州電力、沖繩電力等十家電力公司（民營電力事業），分布日本各地。過去各地區要向誰買電均有規定，現在已經能夠自由選擇電力公司，這就是「電力自由化」。日本的電力自由化開始於西元 2000 年。一開始是以大型大樓、工廠、百貨公司等為對象，後來逐漸擴大範圍，到了 2016 年四月全面自由化，各戶都可以自由選擇自己想要的電力公司與電費方案。台灣目前將分兩階段，慢慢邁向電力自由化。

影像提供／關西電力（股）公司

發電的歷史

1832 年	●在法國的皮克西發明世界第一個發電機
1882 年	●美國完成世界第一座火力發電廠
1887 年	▲東京都完成日本第一座火力發電廠
1891 年	●美國完成世界第一座水力發電廠
	▲京都府完成日本第一座商用水力發電廠
1951 年	●美國成功完成世界首次核能發電
1954 年	●俄羅斯（當時為蘇聯）完成世界第一座核能發電廠
1966 年	▲岩手縣完成日本第一座地熱發電廠
	▲茨城縣完成日本第一座核能發電廠

●發生在世界
▲發生在日本

▲日本第一座商用水力發電廠「蹴上水力發電廠」。

▲世界第一座核能發電廠，俄羅斯的「奧布寧斯克核電廠(Obninsk APS)」。

「電無法儲存」這是真的嗎？

只有快點
用掉貯存的
電力，
別無他法。

電製造出來之後，還要經過漫長的旅程

我們已知平常使用的電是發電廠製造的。那麼，電是如何從發電廠送到家庭或學校供應電器使用呢？事實上電是從遙遠的地方經過漫長的旅程，才送到家庭或學校。我們一起來看看發電廠從製造電之後送到家裡的過程吧！

首先，發電廠製造的電，會以數十萬伏特的超高電壓送出去。接著經過幾個「變電所」轉換電壓，並配合用電場所逐漸降低電壓。

要輸送到一般家庭的電，會在最後階段，先送到配電變電所進行配電，提供給大樓及商業設施等。之後透過路

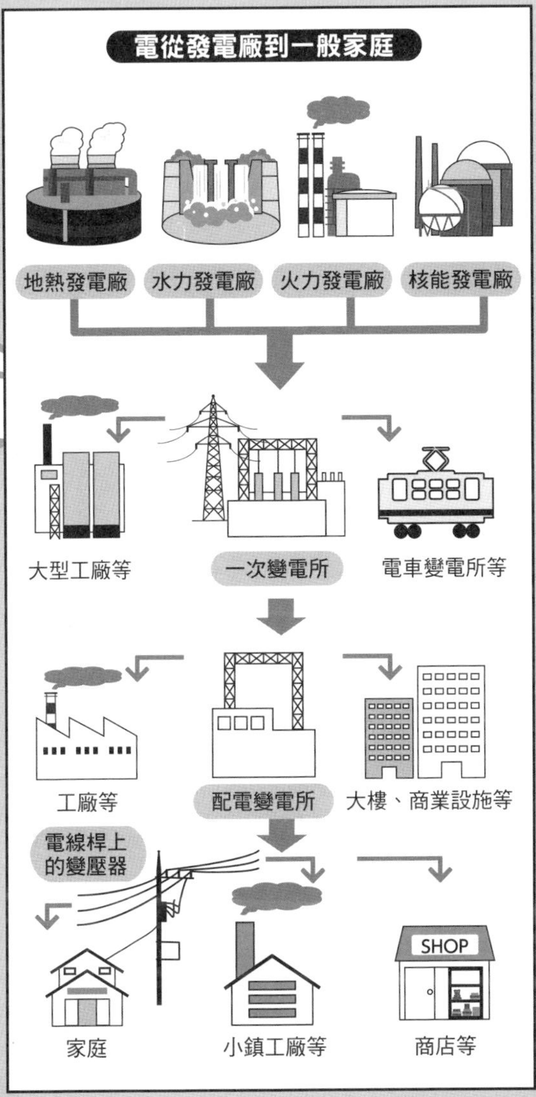
電從發電廠到一般家庭
地熱發電廠
水力發電廠
火力發電廠
核能發電廠
大型工廠等
一次變電所
電車變電所等
工廠等
配電變電所
大樓、商業設施等
電線桿上的變壓器
SHOP
家庭
小鎮工廠等
商店等

上常見的電線（配電線）送到電線桿上的變壓器，再送到家庭或學校供電使用。

電線桿上方經常看到的圓柱型裝置稱為配電變壓器。發電廠的電經變壓器，電壓從六千六百伏特降低至一百伏特或兩百伏特，最終送到一般家庭使用。（台灣家庭用電為一百一十伏特或兩百二十伏特，因此發電廠的店是從一千一百伏特或兩千兩百八十伏特，降至一百一十伏特或兩百二十伏特送到家庭）。

發電廠送電，目的地不同，傳送的距離也不同；各位家裡使用的電，或許都是來自於幾百公里遠的地方。

電很難以原始狀態保存

說到這裡，相信各位都很清楚電是我們日常生活不可或缺。既然如此，一次生產大量的電囤積起來，供應緊急時刻使用不就行了嗎？你是否也這樣想過呢？問題是，電如果維持輸送電流的狀態，很難囤積存放。

一提到儲存電，你或許會想到「乾電池」，但是乾電池不是用來儲存電的裝置，乾電池稱為「化學電池」，是利用伏打電池原理（三十一頁提過），將化學能轉換為電能的裝置。

智慧型手機等使用的「充電式電池」也是相同的概念，將由電源插座取得的電能，轉換成化學能儲存。當需要供電給電器使用時，再將儲存的化學能變成電能使用。所以電不是「以發電或傳輸電流的狀態」被保存。

鹼性電池的構造
外包裝標籤
正極端子
負極（鋅）
正極
（二氧化錳）
隔離膜
集電體
絕緣環
墊片
負極端子

開發能夠把電轉換成化學能儲存的電池

四十二頁提過電池提供的電源是直流電，而插座提供的電源是交流電。前面已經說明過乾電池的直流電，接下來要說明交流電。

交流電的電流或電壓會隨時間做週期性改變；一般家

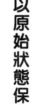

電為六十「赫茲（Hz）。（註：每秒鐘改變的次數稱為「頻率」，單位為赫茲（Hz）」。

為了用電安全，發電廠必須配合不同時候的用電量來發電。如果用電量大於發電量，或用電量頻率升高，發電機轉速升高。發電和用電之間的偏差，主要表現在電壓和頻率的波動。如果發電量提供用電的消耗量不足，就會出問題，甚至嚴重到可能導致機械運轉出問題或故障。

目前電能是使用多少，就發電多少。由於電器產品的便利，造成民眾用電量不斷增加。如果所有用電量只能仰賴發電廠的話，電量將有不夠用的情況發生。如果能將電事先轉換成化學能儲存起來，發生災害或緊急需電時，就能夠派上用場。

要把龐大電量儲存在電池裝置，以現在的技術來說還很困難。不過，為了更有效率且安全儲存更多的電，儲蓄電量的相關研究仍不斷進行中。

蓄電池中最具代表性的電池就是「鈉硫電池（NAS電池）」。鈉硫電池能夠儲存大量的電，如果能夠好好利用這類電池，趁著較少人用電的夜間時段儲電，在需要用電的日間時段取出使用，就能夠避免所有人在相同時段使用發電廠的電，也能夠減少電費，兼顧環保。

使用 NAS 電池的話……

▲在電費較便宜的夜間進行蓄電。　▲在白天當作電源使用。

特別專欄

日本關東與關西的頻率不同

必須讓發電量與消耗量達成一致，電的頻率才不會改變。但是日本北海道、東北、關東地區的頻率是 50 赫茲，中部、近畿、中國、四國、九州地區是 60 赫茲，東日本與西日本的頻率不同。原因在於發電機在明治時代（1868 至 1912 年）從外國傳入日本時，關東使用的是德國製造的50赫茲發電機，關西使用的是美國製造的60赫茲發電機。因此，東京的家電產品有可能無法使用大阪的插座，搬家時必須留意這一點。

做地下鐵吧！

是爸爸！從公司出來了！
爸爸辛苦了！
咦？你們怎麼來了？
我們到百貨公司買東西，順便來接你。
這麼多人都是要搭電車的？
哇！
咿！
好擠！

爸爸每天都要搭那種擠死人的電車啊？
真是辛苦啊。
習慣就好了。
爸爸真可憐。
我要想個辦法幫爸爸輕鬆點。
有了！
我想到好方法了！
耶～萬歲！
太好了！太棒了！
是什麼好事情啊？
我要送爸爸聖誕禮物。
這個主意不錯。
至於要送的禮物嘛……
嗯嗯？

急急電流發射器Q&A
Q「日本鐵道日」是哪一天？①八月十四日②十月十四日③十二月十四日

A ②十月十四日。一八七二年十月十四日是日本鐵路啟用的日子，因此訂這天為「鐵道日」。

地下鐵！
怎、怎麼可能！
哆啦A夢做得出來吧？
從地下挖一個洞。
拜託嘛。
我想讓爸爸能夠輕鬆上班嘛。
我是有「挖洞機」啦……
總之先試試看嘛。
從這一帶開始挖吧！
一直保密到做好為止吧!!
出發。
カチ
※喀喳
※轟

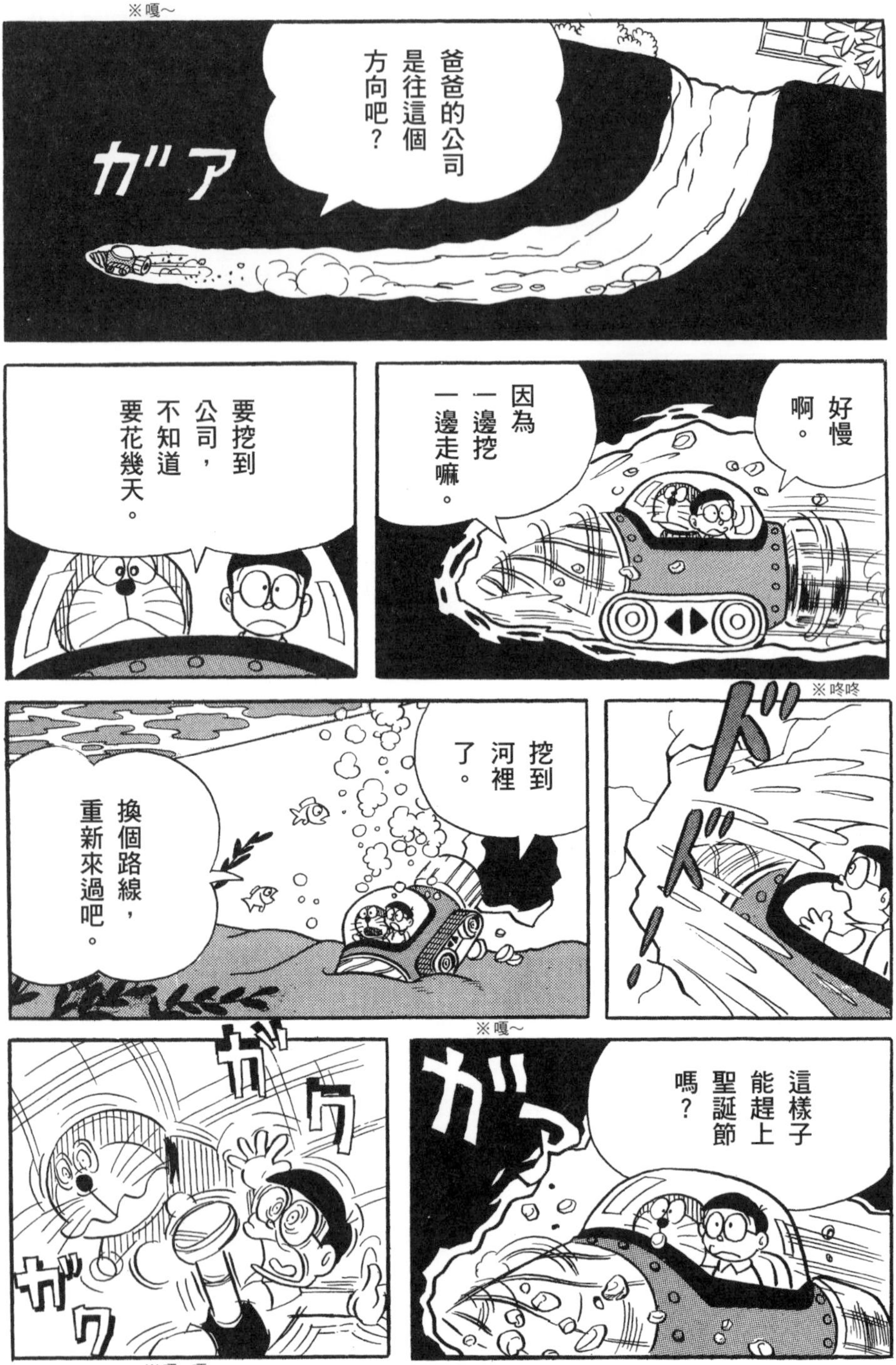
※嘎~
ガ"ア
爸爸的公司是往這個方向吧？
好慢啊。
因為一邊挖一邊走嘛。
要挖到公司，不知道要花幾天。
ドド
※咚咚
挖到河裡了。
換個路線，重新來過吧。
ガア
※嘎~
這樣子能趕上聖誕節嗎？
ガク
ガク
※嘎、嘎

急急電流發射器Q&A

Q

「JR」的J是Japan，那麼R是哪個字的縮寫呢？①Rails ②Railways ③Railines

A ② Railways。JR是「Japan Railways」的縮寫。Railways是鐵路的意思。

※嘎～嘎～嘎～
ガチ ガチ ガチ
這一帶好像很堅硬。
ガチ ガチ ガチ
不會動了耶。
要讓機器冷卻一下才行。
嗯？
地底傳來有人在挖土的聲音……
怎麼可能？不可能會有別人啊。
你們去做什麼了？
好事情。
爸爸，今年的聖誕節會很棒喔。

急急電流發射器Q&A

Q 在JR出現之前，日本的鐵路是由誰經營？①國鐵 ②私鐵 ③電鐵

A ①國鐵。正式名稱是「日本國有鐵路」。一九八七年國鐵民營化之後，才出現JR。

爸爸，用用看昨晚的車票嘛。
咦？真的能用？
地下鐵
你們蓋的？
把車票拿出來就可以搭乘喔。
馬上就要發車了。
路上小心。
ピリリ
※嗶
ゴオ
※嗡～

這真是太好了。
五分鐘就到了。
這下輕鬆了。
ゴウ
※嗡～
キキイ
ガクン
※嘎～嘰～
怎麼可以隨便挖呢？
有一條真正的地下鐵要經過這裡啊。
挖另外一條路吧！
改搭「挖洞機」。
壞掉了！
怎麼辦、怎麼辦!?

急急電流發射器Q&A

Q 日本除了JR新幹線之外的一般鐵路稱為何者？①名驛線 ②快速線 ③在來線

A ③在來線。以時速兩百公里以上速度奔馳的列車稱為新幹線，除此之外的稱為在來線。

要一直挖到公司嗎？
好累…
我不行了。
都是因為我們的錯。
對不起！嗚嗚…
不要哭，你們是為爸爸好。爸爸很高興喔。
咦……
這裡有地下道！
正好是公司前面。
爸爸，路上小心！

升降地板

※喀啦、喀啦 ※喀啦、喀啦

真傷腦筋耶……
カチャ
カチャ
媽媽，妳在做什麼？
カチャ
カチャ
我把門鎖上後出去買東西……
結果把鑰匙弄丟了!?
快幫我去找鎖匠來。
等等…
只要用那個就行了…
「升降地板」。
把高度調到二樓。
スウ

※咻～

※叮！

到二樓了喔。
チーン
走下來也沒關係。
浮、浮在空中…
只要用這個「升降地板」上來的話，就可以形成同等高度的地面喔。
真的耶！
哇～進來了。
這高度的地面可以無限延伸嗎？
可以延伸到世界的盡頭喔。
那不就等於擁有超大的空地了嗎？
哇——

急急電流發射器Q&A

Q 速度最快的東海道新幹線是下列何者？①希望號 ②光速號 ③回聲號

A
①希望號。速度由快到慢依序是希望號＞光速號＞回聲號。回聲號停靠的車站最多。

你好啊。
ビタ
※摔落
二樓高度形成地面了喔。
等一下。
妳下樓到院子等我們。
用遙控器把「升降地板」叫來。
請上來。
到三樓的高度看看吧！

急急電流發射器Q&A

Q 電動汽車的英文縮寫是？①EV ②HV ③FCV

哇！比屋頂還高耶。
他們在空中散步!!
喂～要怎樣才能上去啊？
只要乘坐「升降地板」就行了。
請上來。
喂～～我們也要上去。
用不著那麼大聲，也會讓你們上來啊。
スゥ
好了，大家一起開心的玩吧！

※咻～

才三樓真沒意思。
我們再升得更高一點。
把轉盤轉到底。
グーン
※嗡～
你看!!
我們抵達雲層中了。
在這裡不管做什麼事都不會有危險，好棒喔。
也不用擔心打破玻璃。
也不會有車子來。
感覺好悠哉喔。

A ① EV。來自「Electric Vehicle」的縮寫。HV是混合動力車，FCV是氫燃料電池汽車。

在雲層裡玩捉迷藏真有趣耶。
玩得太入迷忘記時間，沒想到已經傍晚了。
差不多該回去了。
「升降地板」被雲層遮住找不到了！
這下回不去了！
救命啊。
這就是任性的後果。
在這裡啦。

急急電流發射器Q&A

Q 世界第一輛電動汽車的發明，是在日本的什麼時代？①大正時代 ②明治時代 ③江戶時代

A ③江戶時代（一六〇三至一八六七年）。世界第一輛電動汽車是一八三〇年代（一八三〇至一八三九年）在英國發明。

從蒸汽火車到電車，鐵路交通的進化

民眾搭乘的電車也是電力驅動

電車在許多地方載著眾人奔馳，各位有沒有想過電車的動力究竟是什麼呢？電車正如名稱所示，是靠電力運行。

影像提供／日本郵政博物館

▲在「內國勸業博覽會（日本明治時代舉行的博覽會，旨在促進日本產業發展，培育充滿魅力的出口商品。）」上公開行駛的日本第一輛電車。

我們常以為在鐵軌走的列車就是「電車」，其實並不正確。走在鐵軌上的交通工具統稱為「鐵路列車」，使用蒸汽動力驅動、拖曳載客車廂的列車，稱為「蒸汽火車頭」或「火車」。使用電作為動力來驅動車廂載客的列車，稱為「電車」。

日本現行的鐵路列車多數是以電力運轉，時至今日依賴電力運轉的鐵路列車已經很普遍，不過那也是花了大約一百二十年的時間。

日本的第一輛電車啟用於西元一八九〇年，從美國運來的路面電車公開行駛在東京上野公園。接著，五年後的一八九五年，京都電氣鐵道的路面電車也首次在京都開始營運。

電車從電車線與軌道取得電源行駛

那麼，電車是如何取得電力來運轉的呢？首先仔細看看在電車行駛的軌道上方，應該會看到電線，這個稱為「電車纜線（也簡稱電纜線）」。電纜線線上會接通電源，電車的車頂裝有「集電弓」等裝置，集電弓可以連接電纜線以取得電力，使列車獲得行駛的動力。

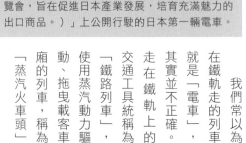

至於地下鐵的情況又是如何呢？地下鐵多半運行在狹窄隧道內，因此沒有空間裝設電車纜線或集電弓。

不過，既然連接電源沒辦法連接在車頂上的話，可以改裝在電車底下。因此地下鐵在行駛用的軌道旁，還有一條送電專用的軌道（第三軌條），可以從那裡獲得電力。

由此可知，即使同樣是電車，不同的電車取得電力的方式也各有不同。

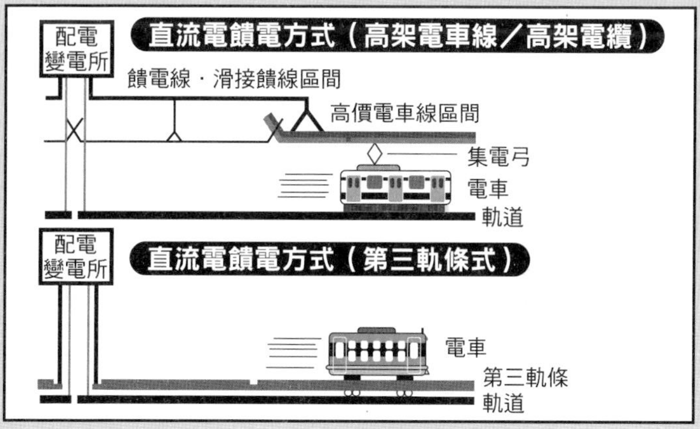
配電
變電所
直流電饋電方式（高架電車線／高架電纜）
饋電線・滑接饋線區間
高價電車線區間
集電弓
電車
軌道
配電
變電所
直流電饋電方式（第三軌條式）
電車
第三軌條
軌道

日本第一台列車是以煤炭爲燃料的蒸汽火車

在電車之前就先有鐵路列車。那麼當時的列車是如何運轉的呢？

日本第一個鐵路列車，是以蒸汽火車頭拉著車廂，讓乘客搭乘。世界第一個啟用蒸汽火車頭的是英國。日本向英國購買第一個火車頭，並於一八七二年九月開始行駛在新橋與橫濱之間，這是日本第一個鐵路列車。

或許有人看過蒸汽火車頭煙囪冒著黑煙奔馳的模樣。不同於使用電力的電車，蒸汽火車是靠蒸氣運行，燃料是煤炭。燃燒煤炭煮滾熱水，產生水蒸氣，再以這個力量轉動車輪。

影像提供／日本神奈川縣立圖書館

▲描繪鐵路交通啟用時的浮世繪作品。

蒸汽火車把煤炭投入鍋爐燃燒必須仰賴人力，而且大量的煤炭也很花錢，燒了大量煤炭卻只有不到百分之十的能源用在火車運轉上，太浪費了。此外，蒸汽火車的駕駛操作很困難，基於這些原因，蒸汽火車的數量逐漸減少，到後來完全被電車取代。

另外，蒸汽火車的英文是「Steam Locomotive」，日本取開頭的字母簡稱為SL。至今仍然在北海道、熊本縣等部分地區行駛中。

到最後原本行駛蒸汽火車的鐵路紛紛電氣化，才逐漸轉變成現在這樣，有便利的電車通往各地。環繞東京中心的山手線也在一九〇九年電氣化。

館藏／日本地下鐵博物館

▲開幕時的上野車站。

一九二七年，日本第一個地下鐵（現在的東京捷運銀座線）開通上野到淺草這一段。地下鐵與路面電車也以大都市為中心，發展成為多數人利用的交通工具。

特別專欄

電車？公車？靠電行走的無軌電車

電車之中，有一種無軌電車。無軌電車究竟算是電車還是公車呢？實在難以分類。不過一如名稱所示，它的外觀是公車，卻與電車一樣，必須從鋪設在馬路上的電纜線取得電力運行。這種交通工具過去也曾行走在東京和大阪街頭，不過現在日本僅剩黑部水庫所在地，立山黑部阿爾卑斯山脈路線的立山隧道無軌電車，以及關電隧道無軌電車而已。當中的關電隧道無軌電車在 2019 年 4 月改為馬達驅動的電動公車。

影像提供／關西電力（股）公司

從新幹線到超導體磁浮列車

時速超過五百公里！世界第一快的夢幻列車

各位搭過台灣的高鐵或是日本的新幹線嗎？你應該知道他們是速度非常快的交通工具吧？然而，他們也是電車，最高時速超過三百公里。江戶時代的人從東京走到大阪要花兩週以上的時間，現在搭乘新幹線不用三個小時就能夠抵達。

新幹線是在一九六四年東京奧運舉辦的時候開通的，當時它是全世界最快的鐵路列車。後來高速鐵路在世界各地普及，新幹線就不再是世界第一了。不過，日本計畫將在二〇二〇年東京奧運暨帕運舉辦完成的七年後，推出世界最快的鐵路列車。

這個夢幻交通工具就是超導體磁浮列車。它的時速居然可高達五百公里！超導體中央新幹線磁浮列車預計將在二〇二七年開通品川到名古屋這段路線。計畫一旦實現，搭乘希望號新幹線從東京到名古屋，原本須費時一小時四十分鐘的路線，最快只要四十分鐘就能夠抵達。甚至計畫二〇四五年將開通至大阪，據說從品川出發，最快六十七分鐘就能夠抵達大阪。

超導體磁浮列車的中央新幹線是利用磁鐵的力量漂浮行走！

中央新幹線利用的是之前說明過的線性馬達原理，使用超導體磁鐵的線性馬達驅動。超導體是指金屬或氧化物等物質，冷卻至某低溫時就會沒有阻力，使得電流非常容易通過的狀態。超導體製成的線圈，處於超導電狀態時，可以有較大電流量通過，變成強力的「超導體電磁鐵」。

影像提供／日本山梨縣立超電導磁浮列車中心

▲超導體磁浮列車。

使用這個強力的「超導體電磁鐵」，製成列車可順著行進方向施力的馬達，就是所謂的線性馬達。而利用線性馬達前進的列車，就是「線性馬達列車」。

線性馬達列車目前已經在德國、中國以及日本的愛知縣等地方行駛。這一類線性馬達列車當中，日本利用獨有的先進技術持續研發出時速可達五百公里的列車，就是這裡介紹的超導體磁浮列車。

一般電車以及包括舊式新幹線電車，是以馬達傳動車輪，在軌道上滾動前進。但是超導體磁浮列車，居然是懸浮在軌道上前進！接下來將說明它利用的原理。

超導體磁浮列車是行走在被稱為「引道（guild way）」的專用鐵道，而非一班鐵軌。引道兩側的牆上裝有「懸浮引導線圈」與「推進線圈」這兩種線圈（捲成螺旋狀的電線）。

首先說明超導體列車懸浮的原理。列車安置在專用的引道，當超導體線圈通電就會變成電磁鐵，引道上的推進線圈通電之後產生N極與S極，如圖所示。超導體磁鐵與引道的磁鐵之間就會產生把列車往

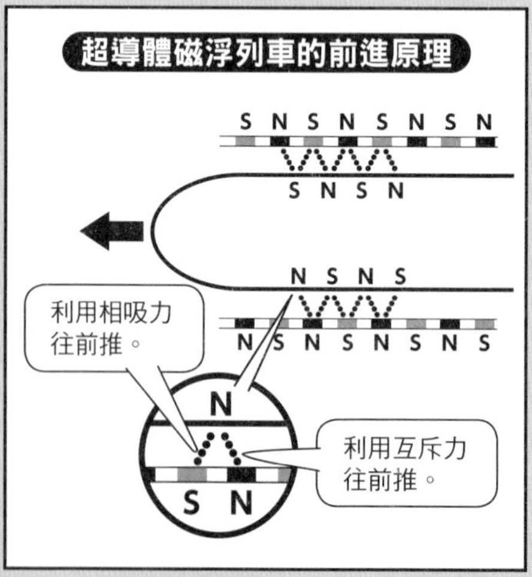
超導體磁浮列車的前進原理
S N S N S N S N
S N S N
N S N S
N S N S N S N S
利用相吸力往前推。
N
S N
利用互斥力往前推。

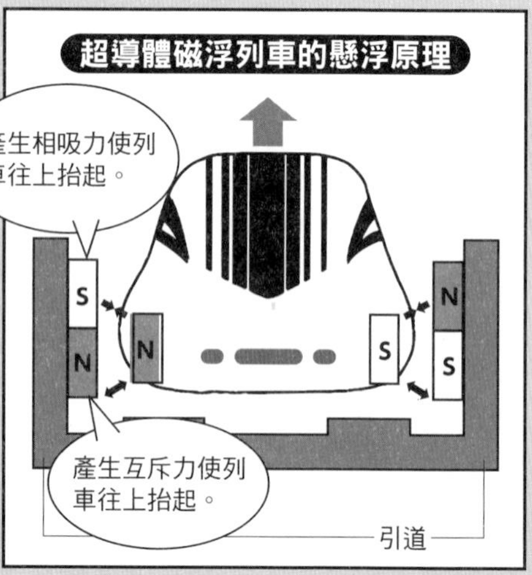
超導體磁浮列車的懸浮原理
產生相吸力使列車往上抬起。
S
N
N
S
N
S
產生互斥力使列車往上抬起。
引道

上推（互斥）的力量及向上拉（吸引式）的力量，於是幾百噸重的列車就能夠懸浮起來。

接下來說明超導體磁浮列車前進的原理。列車的超導體磁鐵N極與S極交錯排列，引道上的推進線圈通電之後產生N極與S極，就會與馬達原理一樣，在列車與線圈之間產生互斥力與相吸力，促使列車前進。

耗時超過五十年，追求速度與安全

日本早在大約五十年前就已經在進行車體懸浮行走的超導體磁浮列車研究。自一九六二年開始，十年後的一九七二年成功建造超導體磁浮列車載人

▲東海道新幹線與中央新幹線磁浮列車的路線圖。

行走；不過當時的速度為時速六十公里，與今日地下鐵的速度差不多。

後來經年累月不停的研究，終於改良得更快速、更安全。到了二〇一五年，L0（L零）系列的最新列車已經創下鐵道列車最高時速的紀錄，高達六百零三公里。

中央新幹線磁浮列車已經確定，將行駛在品川到名古屋之間的直線路線上；全長約兩百八十六公里長的路線，將有大約百分之八十六都是隧道。

特別專欄

有機會搭乘尚未開通的中央新幹線磁浮列車？

超導體磁浮列車自 1997 年起，就在日本山梨磁浮實驗線進行著行駛實驗。山梨縣的都留市有一座磁浮列車中心，民眾可以在那裡參觀超導體磁浮列車，並透過各種展示認識線性馬達。

此外，JR 東海公司也有舉辦乘車體驗。儘管人數有限，而且報名之後必須抽籤，不過一旦抽中，就有機會比別人早一步搭乘到這個夢幻交通工具，體驗時速 500 公里的快感。詳情請上超導體磁浮列車的官方網站洽詢（http://linear.jr-central.co.jp/）。超導體磁浮列車中心也會不定期舉行列車行走測試，前往參觀時請務必事先確認。

因為有電，移動方式也更加豐富！

倍受期待的未來車——電動車

因為電力普及而進化的交通工具，不單只有鐵路交通，走在一般道路上的汽車也是。目前最普遍的車款，是使用汽油或柴油等石化燃料為動力的燃油汽車。最近，使用電力的電動車也陸續出現。亦即現在已經不再是只有燃油汽車的世界了。

電動車款包括：使用電力行駛的電動車（EV）、利用引擎與電力兩者相互配合行駛的油電混合車（HV）、用氫行駛的氫燃料電池車（FCV）等等。

這些車款所排放出的二氧化碳與有害物質含量都比燃油汽車少，相對上比較環保，因此也被稱為環保車，更是倍受期待的未來車。

各式車款的比較

	燃料（動力來源）	有害物質	燃料花費
燃油汽車	汽油	會產生	普通
電動車	電	少	省
燃料電池車	氫	少	貴

電動車的歷史比燃油汽車更悠久

電動車直到最近幾年才受到矚目，不過電動車的歷史其實相當悠久。據說是從西元一八三五年美國人達文波特（Thomas Davenport）打造電動火車模型開始；到了一八八六年，早在德國賓士發明汽油引擎的三輪車之前，電動車早已付諸實用。據說當初在一九〇〇年時，美國所賣出的汽車之中，有大約百分之四十是電動車。

不過，當時因為電動車的電池容量太小，必須常常充電，沒有辦法長距離行駛。所以，燃油汽車成為了主流交通工具。

影像提供／日產汽車

▲單靠電力行駛的電動車是很環保的交通工具（日產NISSAN Leaf）。

不過就在快要進入二十一世紀時，情況有了改變。電池的容量變得比過去更大，也因此開發出了能夠長距離行駛的電動車，較環保的電動車再度受到矚目。只要電池的性能更加提升，充電設備也更完善的話，電動車的普及將值得期待。

不只是汽車，自行車也進入電動行走時代

小學生或許還需要一段時間，才能夠駕駛電動汽車上路。不過自行車則無須等到長大也可以騎乘。一般自行車都是用腳踩著踏板前進。不過，最近利用電力輔助行走的電動輔助自行車也逐漸普及。

電動輔助自行車裝設有馬達與電池，一踩踏板，馬達就會運轉並輔助前進，因此踩起來比一般腳踏車輕盈且行進速度更快。遇到上坡、載著裝有重物的購物袋或小孩時，也能夠輕鬆前進。

另外，還有一種無須踩踏板就能夠前進的電動自行車也問世了。但是這種自行車在日本相當於輕型機車（普通輕型機器腳踏車），因此騎乘時需要駕照。（註：在台灣目前不需要駕照。）

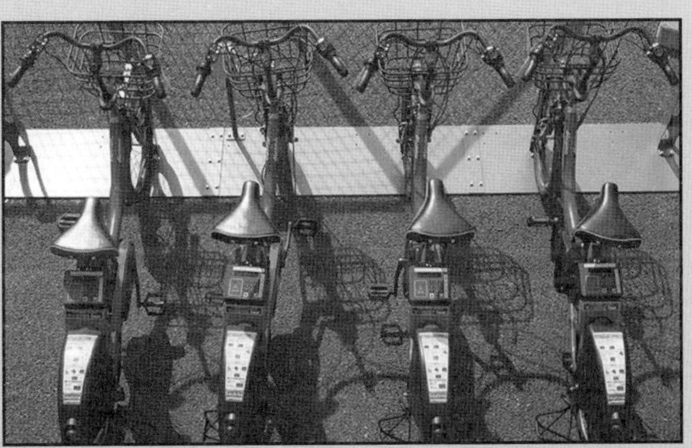

▶有些城市會提供配有電動輔助系統的自行車，供民眾借用。

Joel_420 / Shutterstock.com

不只方便，還能助人

電力驅動運載移動工具的出現，使得我們的生活變得更方便，這方面的技術與性能也日新月異。使用電力驅動的運載移動工具有很多種類。各位知道有哪些嗎？

我們日常生活中，在建築物內的升降電梯與手扶梯、大型車站或設施等的電動步道也都是電力驅動的運載移動工具。在以前，老年人與行動不便的人都必須爬樓梯上下樓，後來因為各類電力運載工具出現，不僅民眾的生活變得更方便，也幫助了行動有困難的人們。

由於技術的進步，電梯的性能快速進化，移動速度也變得越來越快。東京晴空塔的電梯速度是每分鐘六百公尺。上升到距離地面三百五十公尺高的觀景台（天望迴廊），大約只要五十秒。

二〇一七年，中國廣州國際金融中心擁有世界最快的電梯，每分鐘的速度為一千兩百六十公尺，也獲得金氏世界紀錄認證。順便補充一點，這座電梯是日本的製造商建造的哦！

另外，電力無障礙空間也在持續進化中。可設置在一般家庭的小型電梯與手扶梯，最近也開始普及。

特別專欄

電磁鐵也被大量的運用在遊樂園裡

最近有越來越多遊樂園的雲霄飛車、讓人尖叫的各種遊樂設施，也開始使用線性馬達。

事實上原本雲霄飛車的設計，是沒有引擎也沒有煞車的，只靠線性馬達等力量上升到高處，再從高處順著重力下降。舊式雲霄飛車，停止時是利用橡膠等的摩擦力，不過為了能夠安全停止，最近也開始使用磁鐵煞車。

影像提供／富士急高原樂園

▶日本富士急高原樂園裡的高飛車（使用磁鐵煞車）。

逃避保險絲

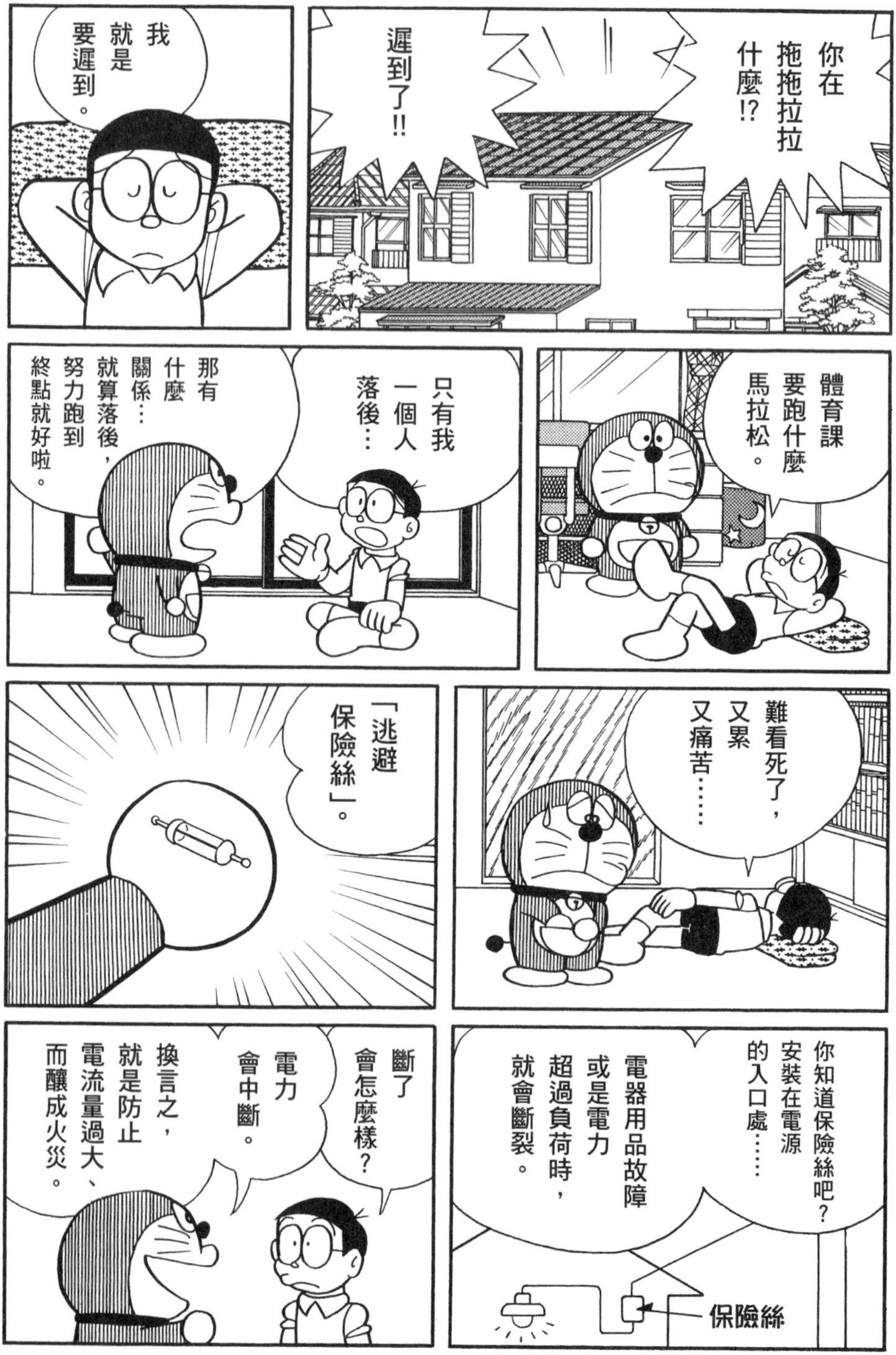
你在拖拖拉拉什麼!?
遲到了!!
我就是要遲到。
體育課要跑什麼馬拉松。
只有我一個人落後……
那有什麼關係…就算落後，努力跑到終點就好啦。
難看死了，又累又痛苦……
「逃避保險絲」。
你知道保險絲吧？安裝在電源的入口處……
電器用品故障或是電力超過負荷時，就會斷裂。
保險絲
斷了會怎麼樣？
電力會中斷。
換言之，就是防止電流量過大、而釀成火災。

急急電流發射器Q&A

Q 家電產品的電源線插在牆壁的洞口裡，那個洞口稱為什麼？①插座 ②插頭 ③變壓器

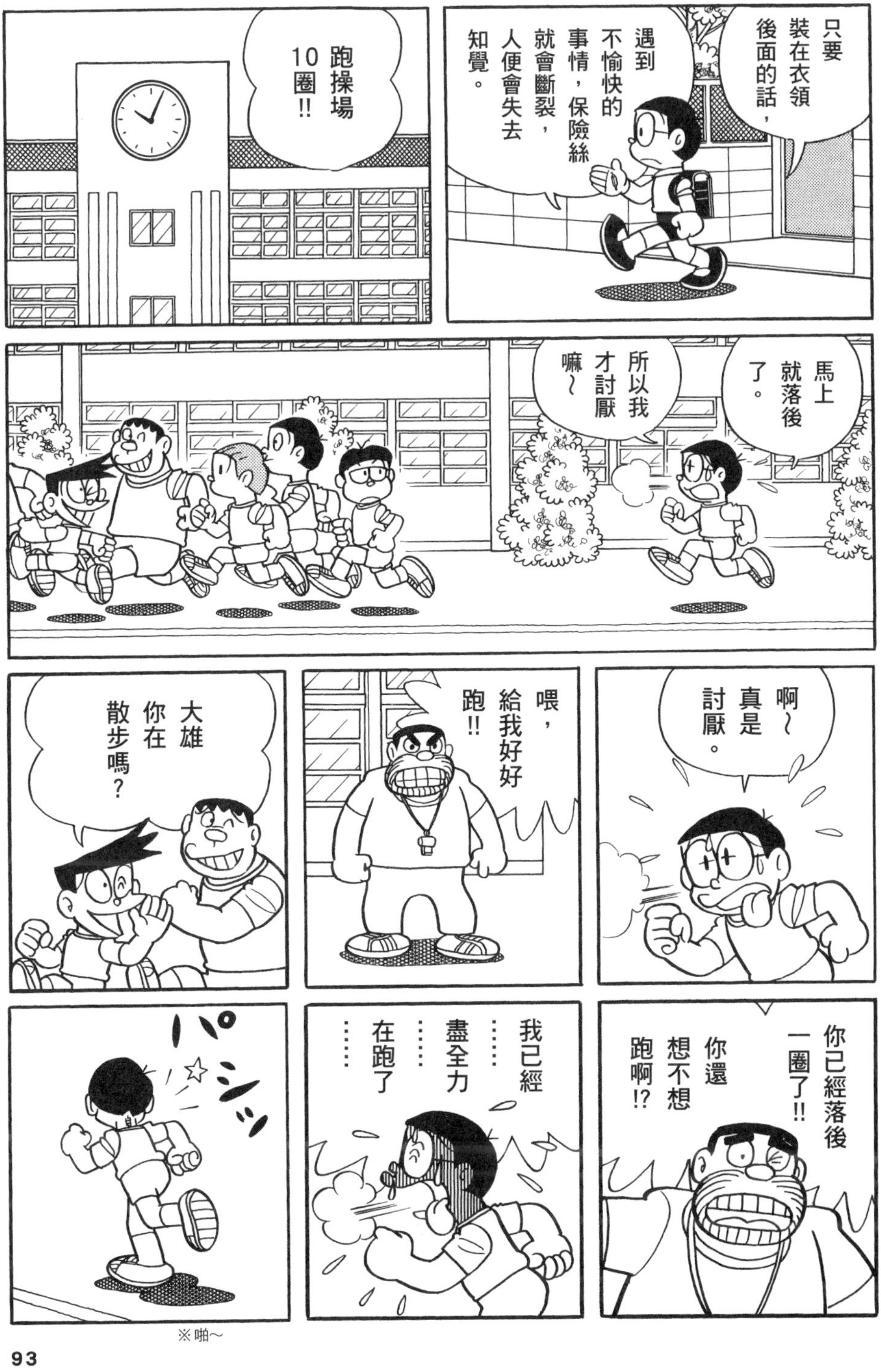
只要裝在衣領後面的話，
遇到不愉快的事情，保險絲就會斷裂，人便會失去知覺。
跑操場10圈!!
馬上就落後了。
所以我才討厭嘛～
啊～真是討厭。
喂，給我好好跑!!
大雄你在散步嗎？
你已經落後一圈了!!你還想不想跑啊!?
我已經……盡全力……在跑了……
パシッ
※啪～

A ①插座。電源線末端用來插入電源插座的部分稱為插頭。

停住…
大雄！你再不認真點……
喂！怎麼了？
※倒～
呀！
コテン
大雄，振作點啊!!
都是我不好，逼你跑步。
呼吸跟脈搏都停了。
咦…
咦…
咦…
喔喔！醒了，萬歲～
在保健室的床上……
悠哉等到體育課結束。
那真是太好了。
那個保險絲真好用，再多給我一點。

急急電流發射器Q&A

Q 接在洗衣機、冰箱、微波爐等家電上，用來將電流導出去的線稱為？①陽線 ②月線 ③地線

A ③地線。正式名稱是「接地線」。用途是將家電產品的漏電導向大地，避免危險。

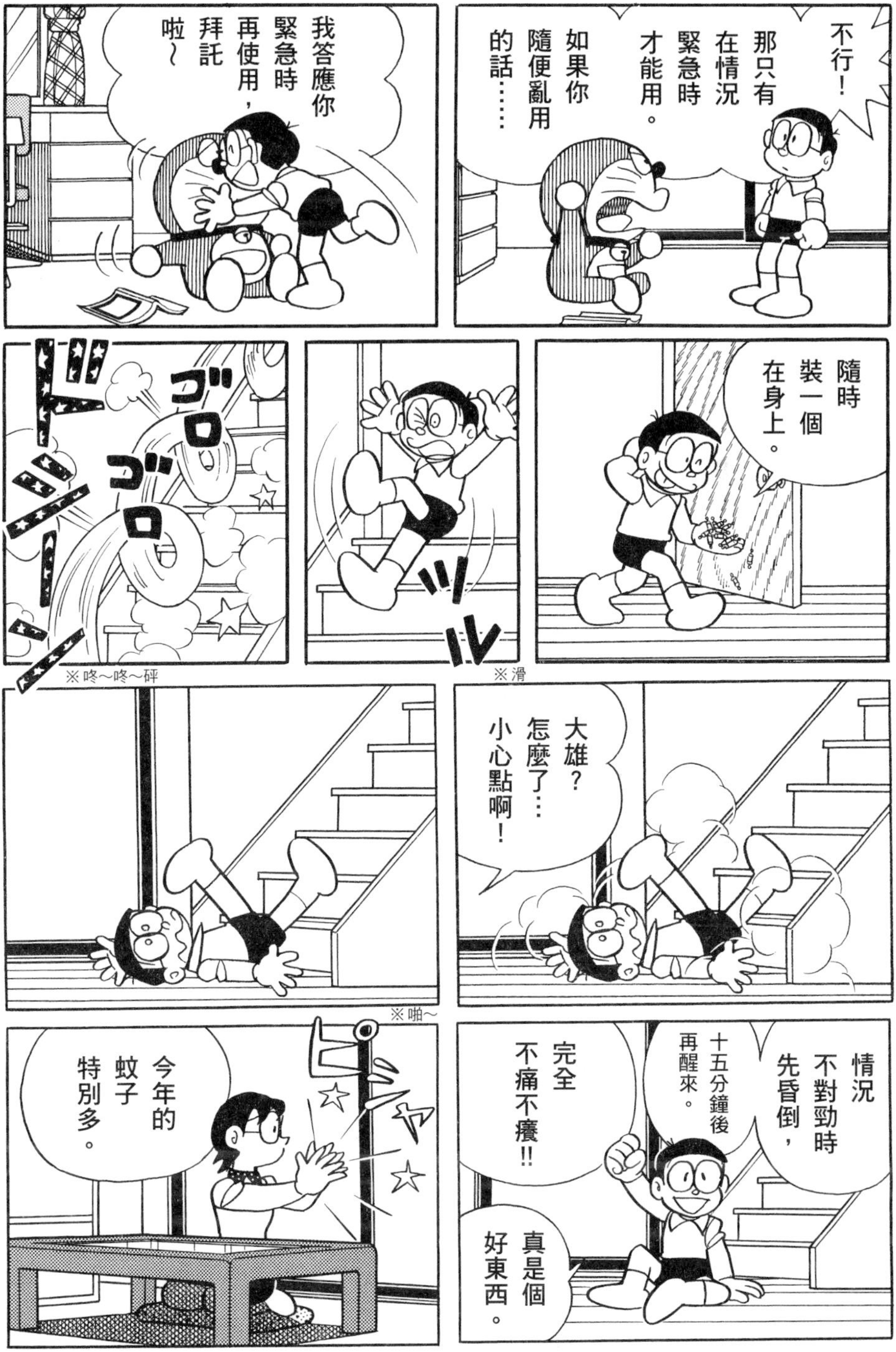

雜草又長出來了。
跟大雄說了好幾次去拔草就是不聽。
大雄!!
※倒～
ガミガミガミガミ
※啪～
※不斷碎唸
怎麼回事？振作點!!
大雄！
大雄!!
我罵得太兇，害他受到驚嚇了！
啊啊……神啊！
我去叫醫生。
保險絲還有很多。

來打棒球。
不要。
你敢說不要!?
不要生我的氣比較好喔。
你說什麼屁話!?
パシ
コツ
※啪～
※打
喔!沒呼吸了。
怎麼可能!?
我才輕輕一拳……
不關我的事。
我也是。
上次借你的十元快還我!!
十元!!
パン
不用了。
不用還了。
※啪～

※啪！

急急電流發射器Q&A

Q 鋁箔紙不可以放入微波爐加熱。這是真的嗎？

我只是開個小玩笑而已。
對不起。
大雄馬上就會昏倒。
很容易就受傷。
不要生他的氣比較好。
生活變得好輕鬆。
叫人欲罷不能。
只剩下一個了。
給我明天的份。
這種東西，看我把它丟掉。
好浪費。
丟到哪裡去了？
ピシャ
ピシャ
蚊子真的好多。

※叮！叮！

A 真的。鋁箔紙一旦放入微波爐加熱就會產生火花，十分危險，因此絕對要避免。

電力改變了我們的生活

靠電力運轉的便利家電產品大幅改變人們的生活

電力的普及使我們的生活變得十分便利。除了之前介紹的交通工具之外，靠電力運轉的家電產品，也就是所謂的「家電」問世，同樣大幅改變了民眾的生活。

請你試著想想看，若是家裡的家電通通消失的話，情況將是如何？或是想想沒有那些家電的時代，人們是如何生活？

當夏天的天氣很熱時，現代人通常都會使用電風扇或冷氣來避暑。但如果沒有這些東西的話，就只能用圓扇或摺扇搧風。這樣子既不夠涼爽，而且搧久了手還會很痠。

同樣的，以洗衣服為例。過去是徒手在洗衣板上搓洗，以去除衣服汙垢，必須花很多力氣和時間清洗。可是現在只要丟進洗衣機、按下按鈕就會自動清洗，而且洗衣機去除汙垢的能力，也隨技術進步越來越佳。

過去是用冰塊冷卻食物，或是把食物放入涼爽、溼氣低的倉庫保存。醃漬食品、乾燥食品、煙燻食品、罐頭等原本都是為了保存食物，所衍生出來的聰明方法。但不是所有食物都能夠透過醃漬或製成罐頭保存，而且製作過程很花時間。現在人們使用冰箱冷卻食物和飲料，保存食物避免腐爛和發霉。為了讓新鮮食物能夠長期保持在良好狀態，使用冰箱或冷凍庫還是最方便。

▲多虧有電，民眾的生活才能變得如此便利。

象徵戰後日本的家電「三神器」

第二次世界大戰（一九三九至一九四五年）結束後的一九五〇年代後期，日本經濟急速成長，進入「高度經濟成長期」。就在那樣的時空背景下，家電逐漸普及，黑白電視、洗衣機、冰箱這三種家電被稱為「三神器」。「三神器」原本是指日本神話中，瓊瓊杵尊從天照大神那兒獲得的鏡子、玉和劍這三樣東西。後來沿用三神器一詞，宣傳這三種家電是新時代的生活必需品。

但是這三種家電在剛開始被稱為三神器的時候，價格還非常昂貴，而且不像現在這樣家家戶戶都有。家電三神器中最早普及的是黑白電視。當時的人們都很熱衷於聚集在百貨公司或車站等地方的街頭電視前面，觀賞棒球或摔角的實況轉播。

▲1950 年代中期，民眾一起在街上看電視。

後來，電視從黑白變成彩色。在高度經濟成長飛快加速的一九六〇年代中期，彩色電視、冷氣以及汽車開始被稱為「新的三神器」。而這三個新神器的英文開頭都是C（Color television、Cooler、Car），所以也被簡稱為「3C」。（註：台灣目前所稱的3C是指電腦（Computer）及其週邊、通訊（Communication，多半是手機）和消費性電子產品（Consumer Electronics）的統稱，與日本所稱的3C不同。）

家電急速普及，生活變得更便利

日本在一九六四年舉行東京奧運，各家廠商趁勢投入彩色電視的生產。當時還是黑白電視明顯較為普及的時代，一直到一九七〇年代中期，彩色電視的普及率才超越黑白電視。

而當時間來到一九七〇年左右，大多數家庭都已經有冰箱與洗衣機，彩色電視、冷氣機、吸塵器等的普及率也急速上升。現在多數家庭使用的家電就是像這樣逐漸在日本家庭中扎根的。

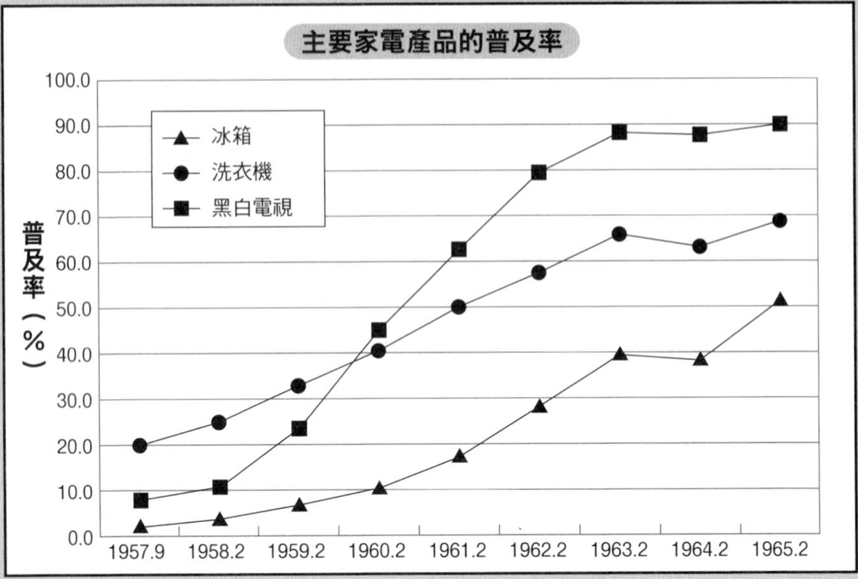
主要家電產品的普及率
普及率（%）
100.0
90.0
80.0
70.0
60.0
50.0
40.0
30.0
20.0
10.0
0.0
冰箱
洗衣機
黑白電視
1957.9
1958.2
1959.2
1960.2
1961.2
1962.2
1963.2
1964.2
1965.2

▲一九六〇年代，冰箱、洗衣機、黑白電視急速普及於各個家庭中。本表參考日本內閣府消費動向調查資料製作。

後來，一九七〇年代出現了個人電腦、一九八〇年代出現行動電話，與其他家電產品一樣，逐漸在大眾之間普及，才有像今日這樣把家家戶戶都有電腦，甚至人手一支手機視為理所當然的時代。

特別專欄

孩子們喜歡的「巨人、大鵬、蛋捲煎」

在電視逐漸普及的時代，日本大多數人觀賞的都是職棒、摔角、相撲等體育賽事的實況轉播。職棒選手王貞治以及長嶋、摔角選手力道山等，都是眾人崇拜的對象。

在這樣的時空背景下，孩子們最喜歡的就是職棒的巨人隊（現在的讀賣巨人隊）、大相撲的大鵬橫綱，還有料理中的蛋捲煎。於是「巨人、大鵬、蛋捲煎」就成為了當時孩子們的流行用語。

TOKYO

好像在施魔法？家電的原理

你知道保險絲吧？安裝在電源的入口處……
電器用品故障或是電力超過負荷時，就會斷裂。
保險絲

認識家電運轉的原理！

各位都知道家電需要用到電，不過你是否知道每種家電究竟是透過什麼原理運作的呢？我們來看看幾個令人好奇的例子吧！

●日光燈

用來照亮室內空間的日光燈，其玻璃燈管裡裝著低氣壓的汞蒸氣，汞蒸氣的原子受到高壓電子的刺激，產生「紫外線」（肉眼無法看見紫外線）。紫外線照射到塗抹在日光燈玻璃管上的螢光塗料，螢光塗料就會受到激發而發光。

也就是說，高電壓電子碰撞汞蒸氣原子，產生紫外線，又由紫外線激發螢光塗料，發出眼睛看得見的光線。日光燈就是透過這樣的發光機制照亮房間。

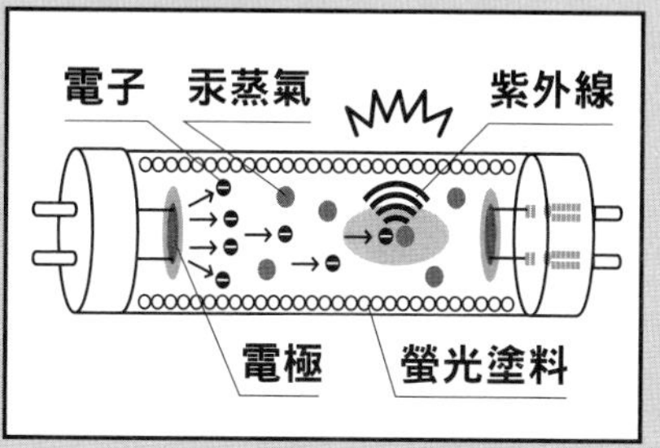
電子
汞蒸氣
紫外線
電極
螢光塗料

▲日光燈是電子與汞蒸氣碰撞產生的紫外線撞擊螢光塗料後發光。

●冰箱、冷氣

各位知道在夏天酷熱的日子裡，人們為什麼喜歡在屋外灑水嗎？那是利用「汽化熱」的原理在降溫，也就是當水轉變成氣體時，會吸收四周熱的現象，將地面的熱帶到空氣中。

冰箱與冷氣機

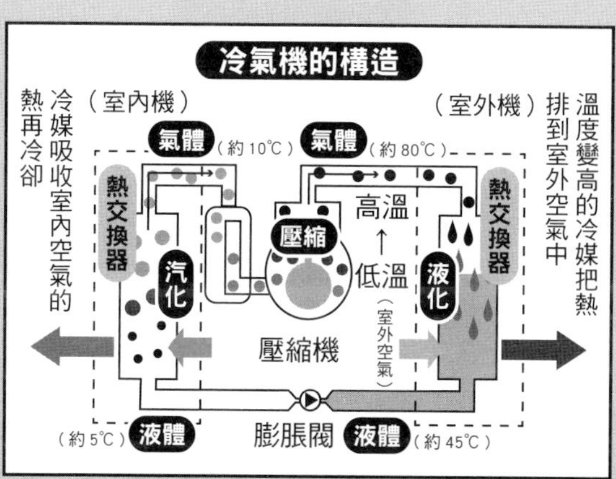
冷氣機的構造
冷媒吸收室內空氣的熱再冷卻
（室內機）
（室外機）
溫度變高的冷媒把熱排到室外空氣中
氣體（約10℃）
氣體（約80℃）
熱交換器
汽化
壓縮
高溫
↑
低溫
（室外空氣）
液化
熱交換器
壓縮機
液體（約5℃）
膨脹閥
液體（約45℃）

也都是利用這種汽化熱原理冷卻空氣。冰箱與冷氣機使用「壓縮機」和「冷媒」來做冷卻工作。「冷媒」是一種碳氟化合物氣體。冰箱與冷氣機工作時，用「壓縮機」壓縮冷媒。氣態的冷媒，經壓縮就會生熱，再經散熱結構，讓熱向四周散逸，因此能夠釋出熱量。受壓縮的冷媒再經過膨脹閥時，因膨脹而溫度下降。冷卻的冷媒與周圍空氣交換熱量，使得周圍空氣變冷，就能夠冷卻食物或房間。變熱的冷媒再進行前面的步驟，經壓縮及散熱器排出，繼而又再度經膨脹冷卻。反覆循環上述步驟，冰箱和冷氣機就可以達到降溫效果。

微波爐的構造

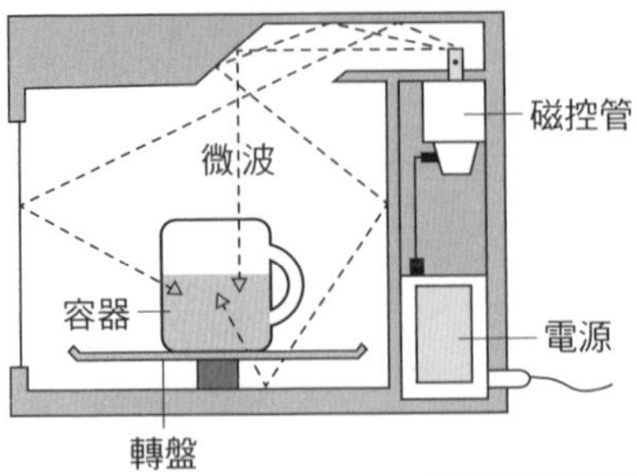

●微波爐、烤箱

用來加熱食物的微波爐使用的是稱為「微波」的高頻率電磁波。由磁鐵構成的真空管（磁控管）產生微波打在食物上，食物內部水分子所含的電子就會振動，振動產生摩擦熱，食物就會變熱。

另一方面，用來烤麵包及烘烤食物的烤箱，利用的則是紅外線。紅外線與微波相同，也是一種電磁波，不過頻率低且容易被吸收，因此只會烘烤食物表面。如果想要讓食物中心也變熱的話，就要用微波爐；只有表面加熱就用烤箱。（註：新研發的烤爐使用遠紅外線，是波長比較長的電磁波，具有一定的穿透力，能均勻透過食物，獲得良好的加熱效果。）

特別專欄

什麼是「保險絲」？

漫畫中提到了「保險絲」這個詞，各位知道這是什麼東西嗎？「保險絲」是用遇熱容易融化的合金製作；電器用品用保險絲，是為了防止電流過多所設置的安全裝置。太多電流通過電器，會造成機械故障，也很危險。因此設定超過規定數值以上的電流通過時，合金做成的保險絲就會融化切斷，這就是所謂的「保險絲燒壞了」。保險絲燒壞的話，只要換新的保險絲，電器就能夠繼續使用了。

平常可見的有汽車的電路系統、用電加熱的吹風機以及暖桌等等，通常都裝有保險絲。

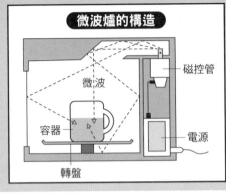

回顧家電產品的演進史

世界上第一個家電產品是電燈，十九世紀末開始普及

歷經過許多時代後，現在家家戶戶都有電器，而且歷史已有一百年以上，十分悠久。

一八八二年，日本首度在東京銀座裝設了稱為「電弧燈」的「電」路燈，當時被視為是文明開化的象徵，每天都有許多人來參觀電弧燈。

如果說家電產品是指一般家庭使用的電器，那麼世界上第一個家電產品就是電燈了。一八八〇年，美國人愛迪生成功將電燈泡商品化。後來建設發電廠，打造把電力送到家庭的送電設備，因此使得電燈泡普及於各個家庭。

進化得更便利且功能更好，持續進化的家電產品

家電產品普及之後，紛紛發展得更加便利且性能更優化，直至今日仍在持續進化。

以洗衣機為例，現在想想，光是機械會幫忙洗衣服，就已經是前所未有的成就。不過，洗衣機在剛開始的功能只有洗衣，要晾衣服之前，還必須靠人力擰乾。

後來，洗衣機才有了脱水功能，洗完之後擰乾衣服的工作，開始有機械幫忙做。不過早期的洗衣機機種，是以滾筒夾住衣服扭絞，所以容易破壞衣物布料或弄掉釦子等，後來才改良成利用離心力脱水。

把水倒入洗衣機裡的步驟，最初也是必須靠人力進行，後來才出現可以配合衣物分量，自動判斷水量與清洗時間等自動化洗衣功能。現在洗衣時使用的水量也已經遠比早期少很多。

接下來，還開發了烘衣機，逐漸的省去晒乾衣物的步驟與時間。最近甚至還出現可以幫忙摺衣服的機器，十分驚人。

電視的歷史超過六十年 已進化到超高畫質、超薄外型

接下來要回顧電視的演化。早期的電視，就像哆啦A夢漫畫中出現的映像管電視。

電視的映像管利用陰極射線管，使用真空管，將陰極發射出電子，打在塗有螢光材料的螢幕，激發出亮光點。當影像訊號傳送到映像管，陰極電子來回掃瞄在螢幕上，就能夠在電視畫面上出現影像。陰極射線管，是德國物理學家布勞恩（Karl Ferdinand Braun）所發明，他的研究獲得諾貝爾物理學獎的肯定。

後來從映像管電視發展改成液晶電視和電漿電視。最近還有一種叫做有機發光電視（英文為OLED，

日本電視的歷史

●一九二〇年代～

・成功傳送、接受電視影像（一九二六年）

第一個成功透過電子訊號傳送影像的是日本。人稱「日本電視之父」的高柳健次郎等人著手進行電視開發，於一九二六年十二月二十五日成功在電視上播映出日文字母「イ」。

●一九五〇年代～

・日本國產黑白電視開始量產（一九五三年）

夏普（Sharp）於一九五一年成功試做出日本第一台國產電視，並於一九五三年正式投入量產。當時的售價是十七萬五千日圓，而當時高中畢業的日本公務員第一個月薪水大約是五千四百日圓。電視的售價高達三十倍以上。

・日本開始播放電視節目（一九五三年）

一九五三年二月，NHK開啟了日本第一次的電視節目播送。八月起，民營電視台也跟進。

●一九六〇年代～

・開始播放彩色電視節目（一九六〇年）

黑白電視是傳送影像明亮強度的編譯訊號，再由電視機將接收到的訊號，轉換成光學黑白影像。，彩色電視的播放則是除了影像明亮強度的編譯訊號之外，還加上顏色的編譯訊號，電視機將接收到的訊號，由接收器再合成，製造出彩色影像。

▲最早的彩色電視「National 21形」。

影像提供／PANASONIC（股）公司

日本稱為有機EL電視）問世，這種電視是利用「有機電致發光」現象，以電壓迫使有機物發光，不需要使用映像管。少了放置映像管的空間，因此能夠將電視做到非常的輕薄。目前最新型的電視，厚度甚至可以不到一公分。

連上網路，讓家電產品更便利！

如同前面提過的，各類家電逐漸變得更方便使用，資訊科技也跟著進化，更進一步的大幅改變我們的日常生活。

現在的智慧型手機與家電產品都能夠連上網路，只要有一支智慧型手機，就能夠操控所有家電產品，具有這種功能的家電稱為「智慧家電」。順便補充一點，這裡的「智慧」與智慧型手機一樣，都是「聰明」的意思。

即使人不在家裡，也可以透過智慧型手機打開冷氣開關，或檢查冰箱裡的內容物，也可以搜尋電視節目，並按下按鈕預約錄影。

現在漸漸發展成各式各樣的裝置都能夠連上網路，透過網路連線，就算人不在現場，也可以遙控裝置或了

●一九七〇年代～

・附紅外線遙控器的電視登場（一九七二年）

可從遠處遙控轉台、調節音量大小。

・錄放影機登場（一九七六年）

・開始播放多聲道節目（一九七八年）

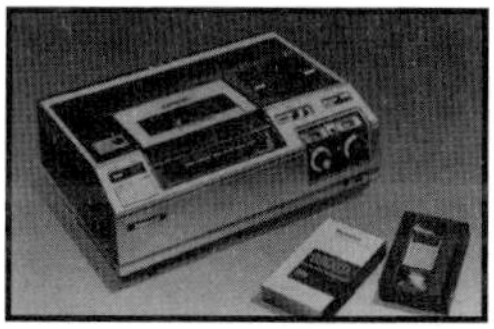

▲早期的錄放影機——「MACLORD NV-8800」。
影像提供／PANASONIC（股）公司

●一九八〇年代～

・日本試播BS衛星節目（一九八六年）

解決有時在不同場所會發生電波太弱、畫面不清楚等問題。

●一九九〇年代～

・開始試播高畫質節目（一九八九年）

正式採用畫質乾淨的高畫質播送，可透過高畫質電視的大螢幕欣賞漂亮影像。

●二〇〇〇年代～

・開始播送地面數位節目（二〇〇三年）

從映像管電視轉換成液晶電視或電漿電視，大畫面的薄形電視逐漸普及。

●二〇一〇年代

・由類比訊號完全改為數位訊號（二〇一一年）

戴上專用的3D眼鏡，就能夠看到3D畫面的3D電視，可以與智慧型手機連線，透過手機操控的智慧型電視也開始登場。

解執行狀況，這個技術稱為「Internet of Things（物連網）」，縮寫為「IoT」。

而利用這種遙控裝置技術的「IoT 家電」已經有越來越多的趨勢。比如說，你可以問廚具：「今天要做什麼菜？」廚具就會上網搜尋，並提供網路上最受歡迎的食譜，告訴你製作方式，還能夠自動上網，訂購冰箱裡不夠的食材。

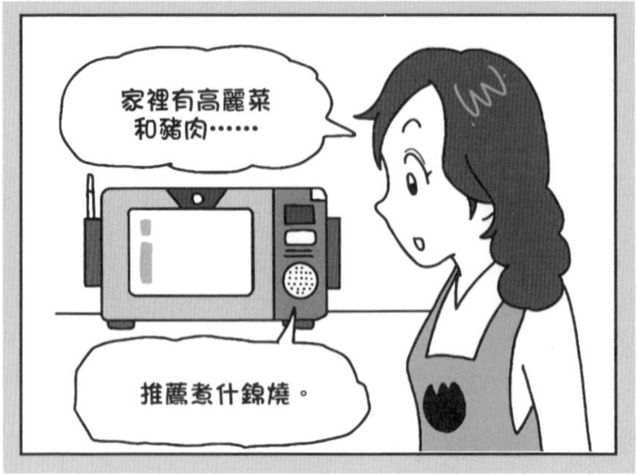

現在市面上這類 IoT 家電的種類與數量都有越來越多趨勢，而且能夠做到許多過去難以想像的事情。

特別專欄

房間打掃通通交給它！掃地機器人

最近蔚為話題的掃地機器人，各位有看過嗎？掃地機器人是能夠自動閃避房間內的牆壁與物品，協助打掃的吸塵器，它也是一種智慧家電喔。近年來有許多企業都紛紛推出各種款式的掃地機器人，能夠打掃房間角落與書桌底下等死角、幫忙掃除垃圾、協助分析垃圾多的場所等，功能與性能都大幅提升，還能夠從家裡以外的地方，利用智慧型手機遙控。相信再過幾年，打掃工作或許就能夠全部交給這種智慧型掃地機器人了。

◀掃地機器人「RULO」。

影像提供／PANASONIC（股）公司

超級電池

還我啦。
你為什麼要把球裝在電燈上？
啊啊…你把燈泡打破了啊。
你真的很笨耶。
等到晚上不就穿幫了嗎？
用手電筒還好一點。
這個太暗了，不行啦。
使用這個「超級電池」就沒問題了。
裝上這顆電池…

急急電流發射器Q&A

Q 日本一年製造的電池數量有多少顆？①約四千萬顆 ②約四億顆 ③約四十億顆

※嘰嘰嘰

※嘎嘎嘎

A ③約四十億顆。二〇一六年日本製造的電池約有三十九億九千萬顆。

急急電流發射器Q&A

Q 智慧型手機與智慧家電的「智慧」是什麼意思？①細窄 ②聰明 ③帥氣

A ②聰明。智慧型手機「smart phone」的「smart」是「聰明」、「靈活」的意思。此外也有「活潑」、「機靈」的意思。

冰箱也裝。
裝在吹風機上應該很好玩。
其他還有很多…
不要把家裡弄亂啦。
客人就要來了。
でんき
你要用吸塵器嗎？
沒錯啊。
ズッ
※吸～
房裡的東西都被吸得亂七八糟。
又是你在惡作劇。

Q

「迷你四驅車」的「四驅」是下列何者的簡稱？①四輪驅動 ②四條驅動 ③四片驅動

A ①四輪驅動。原理是四個輪子都有動力，能夠驅動車子行駛。（※一般汽車是前輪傳動或後輪傳動的二輪驅動類型。）

模擬遙控車油門全開

我回來了。
※咻～咚咚咚！
誰在家裡開車啊。
※咚咚！咻～咘咘
※咚！砰～
哇——
發生什麼事？

嗚……好痛……
哆啦A夢的聲音。
你在哪裡呀？
我在二樓，把車拿上來。
這是什麼!?
「模擬遙控車」。
只要坐在這裡操縱，
就能操縱遙控汽車。
ブロロ

※ 咘咘

※咚咚！
車子前面裝設有攝影機。
可以將影像投射在螢幕上。
※砰！
只要撞到東西，
※砰！
操縱席也會跟著晃動。
太危險了，而且你的技術不好一定會受傷，
不能借給你。
跟我解釋那麼多還不借我!?
嗯……那只可以在房間內玩，時速十公里以下……
踩右邊是油門，左邊是煞車。
我知道，跟玩具車一樣。
※咻～
喔，開始動了。
※晃動

※咻～咘咘
好像真的在開車喔。
嘻嘻嘻。
要撞到了!!
快轉向!!
不要傻笑啊，看著前方駕駛。
※咻～嘰～
降低速度!!
桌子底下有蜘蛛網耶。
※咚咚
※砰！
你好吵喔。
喂，你要去哪？
※咻～

這麼暗無法駕駛，
趕快後退開出來。
這是什麼？
開車燈吧。
哇——
這下沒人打擾了。
一定會出事的，不管你了。
怎麼可能受傷？
這只是玩具而已。
把門打開到街上玩吧。

※咻～咚咚
ブロロロ…
ドテドテ
※加速！喀隆、喀隆
ガタ
ゴトゴトン
※加速～
好有真實感！
ガクガクガク
※咻～
ブロロ…
※咘咘
ボテボテ
這是什麼？
笨蛋。
呀!!
啊!!
ブロロロ
※咻～

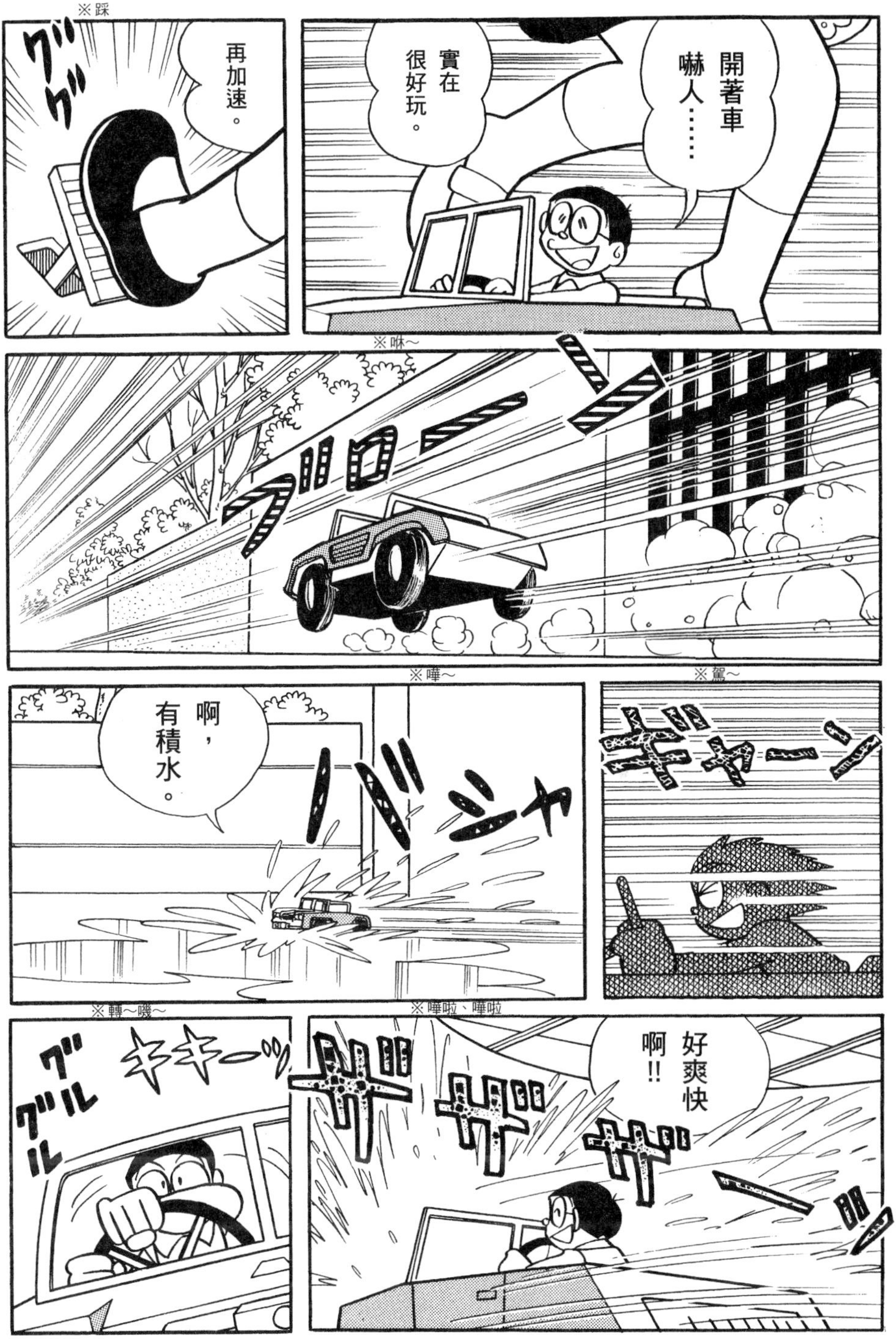
開著車嚇人……
實在很好玩。
※踩
グッグッ
再加速。
※咻～
ブロローン
※駕～
ギャーン
※嘩～
バシャ
啊，有積水。
※嘩啦、嘩啦
ザザザ
好爽快啊!!
ブーン
※轉～嘰～
グルグル
キキーッ

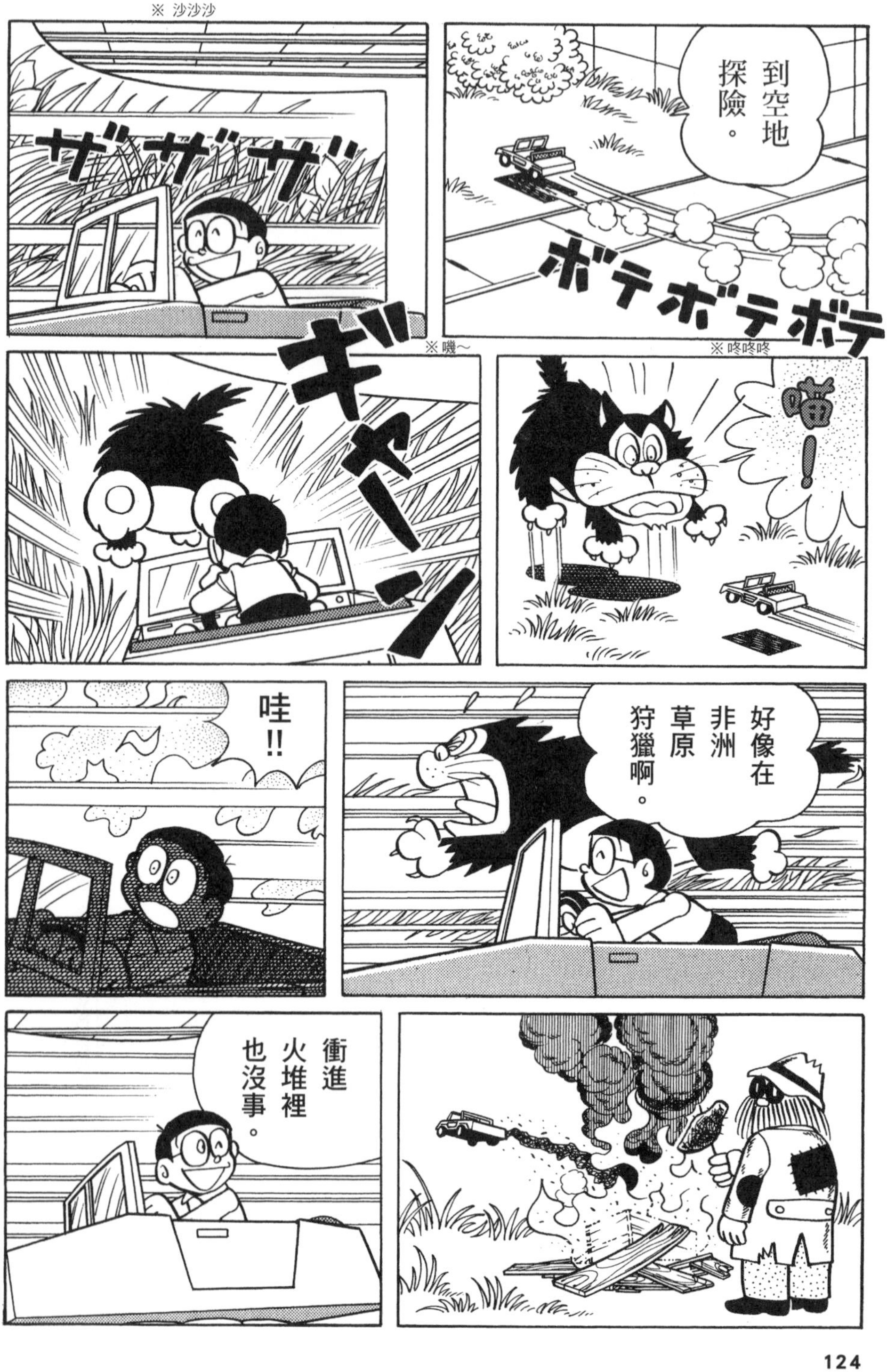
到空地探險。
ボテボテボテ
※咚咚咚
ザザザザ
※沙沙沙
喵!
ギャーン
※嘰~
好像在非洲草原狩獵啊。
哇!!
衝進火堆裡也沒事。

啊、啊!!
ドカジャーン
※砰～
發生什麼事了？
你竟然……
把我的遙控車……
你看吧，
我就說你會出事嘛。

玩具也因爲電而進化

第一個電力驅動的玩具是以馬達爲動力的汽車

各位是否玩過要裝電池才會動的玩具呢？玩具動物或玩偶裝了電池後會動，玩具汽車等交通工具裝了電池後會跑，這一類的玩具各式各樣的形式都有。

那麼，第一個靠電力驅動的玩具是什麼呢？日本第一個電力驅動的玩具是在一九五二年

ALPS 玩具公司推出的「電動汽車」。

該公司當時的社長在美國替他的孩子買了禮物——馬口鐵玩具車，因此受到啟發，成立了這家玩具公司。

這台電動玩具車，使用永久磁鐵的馬達驅動，能夠前進及後退行走。後來更進化成正面與車頂會亮燈，或能夠走八字形等，進行有些複雜的動作。

一九五四年，日本第一台電動玩具車上市兩年後，東京科學工業公司成立。這家公司專門生產小型馬達，現在也以萬寶至馬達（Mabuchi Motor）揚名全世界。萬寶至馬達公司生產許多小型馬達，也使得電池驅動的玩具越來越多樣化。

世界第一個無線電遙控器在日本誕生！

各位知道「遙控器」是什麼物件的簡稱嗎？它是「無線電遙控器」的簡稱，也是哆啦A夢漫畫中，大雄他們經常在玩的，例如：遙控汽車、遙控飛機、遙控船等，各式

各樣可以用手持遙控器，以無線電操控的玩具。

事實上，發明世界上第一個無線電遙控器的就是日本。一九五五年，增田屋齋藤貿易（現在的增田屋公司）推出世界上最早的無線電遙控車「遙控巴士」。

現在日文對無線電遙控器的稱呼「RADICON」仍然是增田屋的註冊商標。也就是說，在法律的保護下，其他公司不得擅自使用「RADICON」這個名稱。

當時的廣告上寫著「終於問世！世界上第一個無線操控玩具！」。

售價四千五百日圓。當時的四千五百日圓，換算成現在的價格大約是十萬日圓，相當昂貴。

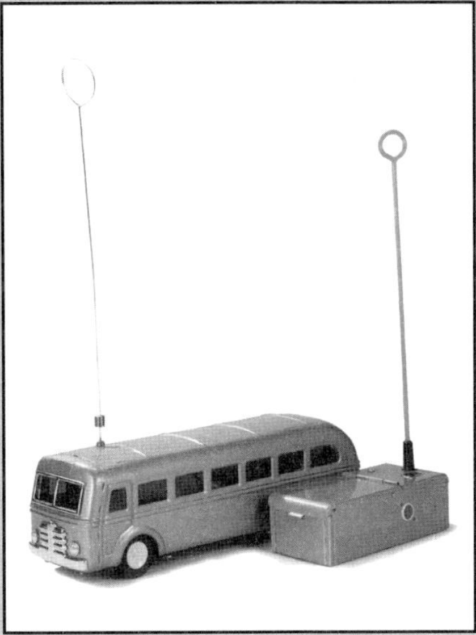

▲1955年11月推出的「遙控巴士」。
影像提供／增田屋（股）公司

另外，在上市當時，負責取締無線電波的日本電波監理局表示：「雖說那是玩具，不過只要使用無線電波，就有取締的必要。」也就是說，買家必須先取得無線電技術員的執照才能夠玩這個玩具。因此在玩具上市的兩年後，一九五七年這年修正了部分電波法。可以說是，這個玩具的影響力大到改變了法律！

引起熱潮的電動車模型「迷你四驅車」

提到靠電力驅動的玩具汽車，最有名的就是迷你四驅車。即使你對無線電遙控車沒概念，也看過或摸過迷你四驅車吧？

迷你四驅車是有動力的塑膠組裝模型汽車，裝上三號乾電池就會動。不需要依賴遙控車子的無線電遙控器，而且模型裡裝著小馬達，車子能夠跑得很快。

迷你四驅車是由生產無線電遙控車等玩具的田宮模型（現在的TAMIYA）於一九八二年推出的。已經歷經三十五年以上的歲月，深受大人小孩的喜愛，到現在依舊有很高的人氣。

截至目前已經推出四百種以上的車款，銷售數量居然超過一億八千萬台！曾經多次引起風潮，也舉辦過好幾場迷你四驅車競速大賽等，造就出不少以迷你四驅車為題材的漫畫及電玩遊戲。

另外，各位熟知的電動玩具交通工具中，就屬鐵路列車最有人氣。而且，鐵路電動玩具當中，最有名的就是TAKARA TOMY（多美）推出的陪樂兒鐵道模型玩具。這個玩具可以依照個人喜好組合鐵軌，並讓裝上乾電池就能跑的列車在軌道上奔馳，這套玩具在一九六一年上市以來銷售超過五十年，至今仍廣受喜愛。

▲以迷你四驅車為題材的漫畫《爆走兄弟Let's & Go!! Return Racers!!》（小學館）。

特別專欄

無線電遙控直升機與無人機有什麼不同？

最近經常在電視新聞上聽到「空拍機」，那是做高空攝影時常用的、類似直升機的機械。那麼，空拍機與無線電遙控直昇機有什麼不同呢？差別在於，機械能否自主行動。無線電遙控直升機一定要有人拿著遙控器操作，才能夠避免掉落或撞到障礙物，但也只能夠在操作者眼睛看得見的範圍內飛行。相反的，無人機上內建GPS等功能，只要設定好目的地，就能夠自行搜尋軌道並起飛前往。因此經常運用在拍攝人類難以進入的場所，或是用以把東西運往遠處。

順便補充一點，空拍機的英文稱為drone，意思是雄蜂。因為飛行時螺旋槳破風的聲音與蜜蜂飛行的聲音類似，因而這樣命名。

電也引起電玩遊戲界的革命！

可以將影像投射在螢幕上。

家用電子遊戲機在距今約五十年前問世

各位喜歡玩遊戲嗎？遊戲包括桌遊、卡牌遊戲等多種類型，而遊戲界也因為電的運用，如電視遊樂器等電子遊戲機的推出，引發很大的革命。

電子遊戲機包括了PlayStation 4和Xbox One這一類連接電視螢幕遊玩的家用遊戲主機、PS Vita和任天堂3DS這類掌上型遊戲機、任天堂Switch這款同時兼具前述兩種功能的電玩主機，再加上電腦的網路遊戲、智慧型手機的手遊等。

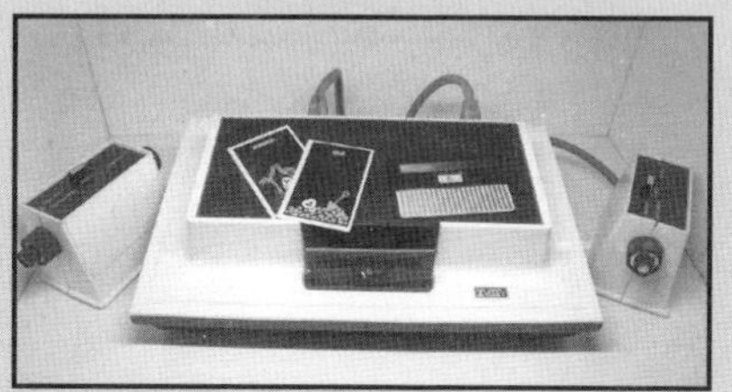

▲美國美格福斯公司的電子遊戲機「奧德賽」。

那麼，最早推出的電子遊戲機長什麼樣子呢？世界上第一台家用電子遊戲機是美國美格福斯（Magnavox）公司出產的「奧德賽（Odyssey）」主機，於一九七二年開賣。「奧德賽」主機配備兩個搖桿，構造與現在的電視遊樂器沒有不同。這台主機能夠玩運動類、益智類、輪盤等十二種遊戲。

日本第一台家用電子遊戲機是網球對打遊戲

一九七五年，美國推出世界第一台電視遊樂器的三年後，日本也推出了第一台家用電子遊戲機「電視網球（TV Tennis）」。這是EPOCH公司與推出奧德賽的美格福斯（Magnavox）公司合作開發的遊戲機。這款遊戲機不需要用線連接主機與電視，是現在仍然很少見的無線主機。運用的方式是由主機的天線發出電波，再由裝在電視上的裝置接收。

如同前面提過「電視網球」的遊戲內容，就是網球對打遊戲。兩個玩家在黑白畫面上，以球拍互相對打，使球左右移動。運動類遊戲要定勝負必須計分，不過當時的遊戲機還不會幫忙計分，必須玩家自行記錄。

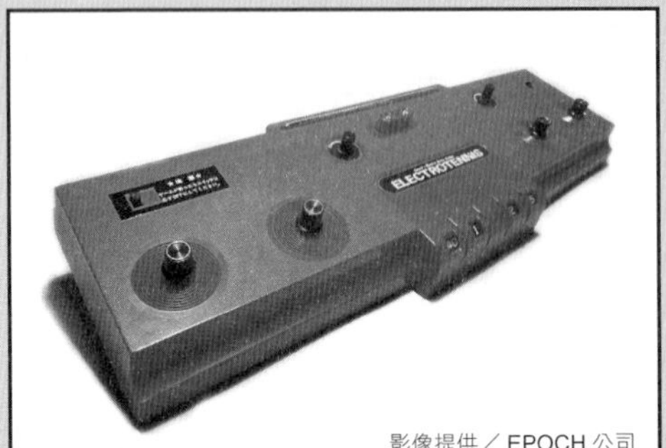

影像提供／EPOCH 公司

▲1975 年上市的電子遊戲機「電視網球」。

引起電玩熱潮的小蜜蜂

在日本開始流行電子遊戲機的時期，當時最熱門的遊戲，就是一九七八年推出的「小蜜蜂」。「小蜜蜂」是放在電玩遊樂場的大型機台遊戲，而非家用電子遊戲機，它是日本大型機台遊戲中最紅的作品。

「小蜜蜂」是一邊閃避敵人攻擊，一邊打倒敵人的射擊遊戲。當時的街上出現很多「電玩咖啡屋」，會在桌面裝設遊戲與按鈕，許多人沉迷其中。玩一次要一百日圓，這遊戲引起的社會風潮甚至造成一百日圓的硬幣來不及生產。

當時原本幾乎沒有只擺大型遊戲機台的電玩遊樂場，所以大型遊戲機台大都擺放在百貨公司頂樓、遊樂園、保齡球場等地方。後來，因為這個遊戲，使得電玩遊樂場的數目，從這個時期開始增加。

▼引起風潮的「小蜜蜂」遊戲。

家用電子遊戲機的金字塔任天堂紅白機

一九八三年，日本第一台電視推出的三十年後，家用電子遊戲機的代表作「任天堂紅白機」誕生。

在電玩咖啡廳或電玩遊樂場玩的大型機台遊戲比較適

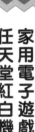

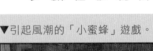

合大人，相反的，在家裡玩的紅白機遊戲，則受到小朋友的喜愛，因此成為暢銷商品。

現在的電視，都能夠切換接收光碟機與遊戲畫面等不同訊號源。不過，以前沒有這種系統。那麼，要怎麼做才能夠讓遊戲畫面出現在電視上呢？就是用電線，將接收電視訊號的天線端子與紅白機連結，使紅白機發出的訊號成為其中一個電視頻道。也就是說，讓紅白機的畫面，在沒有接收天線訊號的頻道上播出。

任天堂在紅白機之前，曾經推出家用電子遊戲機，打磚塊遊戲，以及掌上型遊戲機 Game & Watch 等暢銷作品。紅白機後來進化成一九九〇年發售的超級任天堂。至今仍持續推出人氣電子遊戲機和電玩軟體。任天堂有很長一段時間不斷的從事高水準的研究與開發，是促成日本電玩界進步的製造商。

影像提供／任天堂（股）公司

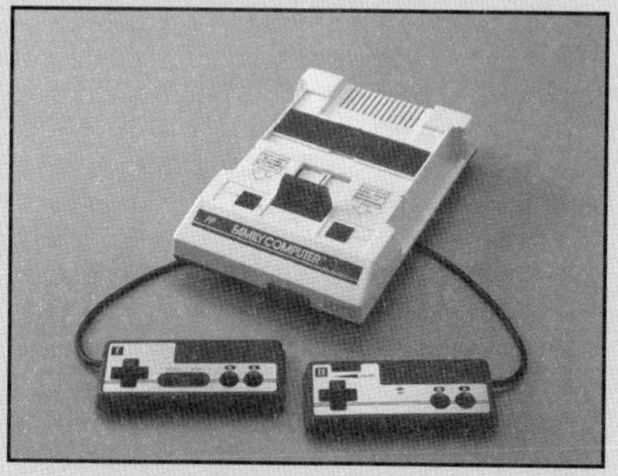

▲改變家庭用遊戲機歷史的任天堂紅白機。

紅白機在歐美地區被稱為「Nintendo Entertainment System（簡稱 NES）」（註：在日本是稱為「Family Computer」，簡稱「Famicom」或「FC」。紅白機是台灣的稱呼）。不僅在日本，在世界各地都造成熱賣。紅白機至今在全球已經賣出超過六千萬台。直至今日，日本在電子遊戲機的開發上仍領先全球，是可以向全世界誇口的產業之一。

特別專欄

任天堂紅白機復刻版！

任天堂在 2016 年，紅白機上市的 33 年後，推出了紅白機的復刻版，取名為「任天堂經典迷你紅白機」。它的尺寸縮小到大約只有原本紅白機的 60%。雖然無法插入以前的紅白機卡匣，不過主機本身已經內建了瑪俐歐兄弟、大金剛等等，共計 30 款當年最受歡迎的遊戲。只要連上電視就能夠輕鬆以當時的映像管電視畫質打電動。

▲任天堂紅白機的復刻版「任天堂經典迷你紅白機」。

影像提供／任天堂（股）公司

彷彿祕密道具？次世代的玩具

進入智慧型手機操控玩具時代！智慧玩具正在進化

　如前面提到過的，現在各式各樣的家電，只要透過網路與智慧型手機連線，所有家電功能都可以透過一支智慧型手機操作。這種潮流也影響到玩具界。

　有些玩具是以智慧型手機當遙控器，來遙控玩具汽車或玩具電車等。也有玩具是以智慧型手機透過網路與電池連線，就能夠利用智慧型手機操控裝有該電池的玩具。甚至連桌遊也加上智慧型手機的影像、聲音、振動等，享受更寫實的樂趣。

▲以智慧型手機操控球形玩具玩。

　還有些遊戲是透過與擴增實境（AR）功能連動，使智慧型手機上的影像跳出手機，或者反過來讓現實中的人事物出現在手機螢幕上，就能夠以智慧型手機操控眼前的玩具，或讓玩具出現在智慧型手機螢幕上。

自己編寫程式，打造世界獨一無二的玩具

　各位是否曾經自己在電腦上編寫程式？最近學校也開始教學生寫程式了。坊間也出現可以自己編寫程式，搭配智慧型手機操控的玩具。

　比方説，你可以自行組裝汽車或是動物等可動玩具之後，在智慧型手機或電腦上輸入希望玩具怎麼移動等等的指令，當然完成後，就可以用智慧型手機進行操控。

　這種玩法可以從「零」打造自己喜歡的玩具，因此做出來的玩具會是世界上獨一無二的，或許也會讓你更懂得珍惜它們。

另外，這樣的玩具可以讓原本很困難的程式編輯，從小就可以接觸，並且在遊戲中自然而然學會。

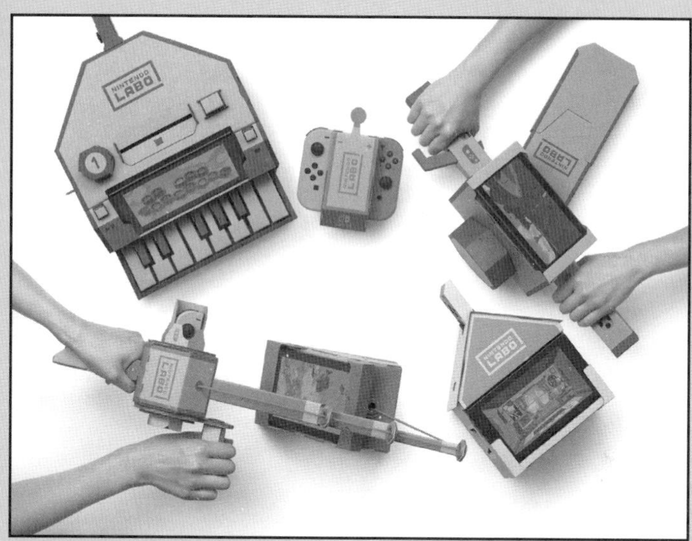

▲紙箱勞作與任天堂Switch 組合，就能夠創造出很多玩法的「任天堂實驗室（Nintendo Labo）」。

影像提供／任天堂（股）公司

今後將是一人一台？機器人成爲家人和朋友？

你是否接觸過溝通型機器人？它們是搭載人工智能、能夠對話的機器人。最有名的就是 Pepper（機器人）和 AIBO（機器狗）等。

家用的 Pepper 機器人，能夠記住家中每位成員的長相與名字，會打招呼、聊天或叫名字，還能夠判斷說話者的心情，配合著一起開心或給予鼓勵。

後來還推出同樣具備這些功能，專為孩子設計的機器人。不但是具有人類的外型，能夠和人類一樣行動，也會叫名字、回答問題、跳舞、一起玩耍。

這些機器人在對話與回答問題時能夠記住並學習新事物，

因此在經常一起玩的過程中就會不斷進步變得更好用。透過與機器人聊天，孩子與機器人雙方都能夠成長。

技術繼續發展下去的話，或許有一天家家戶戶都會有像哆啦A夢這樣的機器人成為我們的家人，和我們一同生活。

競賽也電子化？持續升溫的電競很受歡迎

因為電玩遊戲越來越寫實，最近打電動也像是在比體育賽事一樣，稱為「電競」。這裡的「電」是「電子」的簡稱。

「電競」主要是以格鬥、射擊、賽車等遊戲彼此對戰，大型賽事會有上億日圓的獎金，

賽事直播也受到許多觀眾矚目。在韓國，當地的電競熱潮甚至不輸給棒球或足球等熱門的運動。預估到了二〇二〇年，全球電競玩家將超過五億人。

日本主要的三個電競團體合併成一個，在二〇一八年組成名為「日本電競聯會」的大型團體，目的在推廣日本國內的電競運動。可以預見的，電競運動今後將更加熱烈。

特別專欄

培養將棋天才的遊戲？

2016 年，日本將棋選手藤井聰太四段（2018 年二月晉升為六段），以 14 歲的年紀成為了日本最年輕的職業棋士。他擊敗眾多職業棋士，寫下日本將棋史上最多連勝紀錄，在當時成為很大的熱門話題。而他用來增強將棋棋藝的，就是將棋的電腦遊戲。最近電腦的人工智慧功能，一年比一年更加提升，與職業棋士直接對奕，甚至能夠獲勝。因此職業棋士也經常與電腦的將棋軟體對弈。

影像提供／日本共同通信社

自己開電視台

快點過來!!
幹嘛那麼急啊？
我現在沒時間和你說明！反正趕快來我家就是了!!
怎麼了？
我也不曉得怎麼回事。
咦？靜香也被叫來嗎？
大雄也被找來了嗎？
咦？大家都來了？
真慢耶!!
沒時間了!!
別拖拖拉拉的!!
呼……
還好趕上了。
你找大家來做什麼啊？
有件好事喔！

急急電流發射器Q&A

Q 負責發送日本關東地區地面數位電視訊號的是哪個？①東京鐵塔 ②東京晴空塔 ③虎之門之丘

※登登
※小朋友歌唱大賽
ジャーン
ジャリっ子歌じまん
ABS
咦?木鳥你會…出現在這個節目裡?
YES!沒錯!
老實說,要上這個節目還真是不容易啊,
因為報名的人實在太多了。
能夠從這麼多的報名者裡被選中,
可不是人人都能做到的。
這可是全國播放的節目!
必須歌藝夠好,長得夠俊俏…
說個不停
※小朋友歌唱大賽
下一位是…
木鳥高夫小朋友!
ャりっ子歌じ
請安靜!!不要看旁邊,也不要眨眼睛。
在看了啦。真囉嗦耶。
阿爾卑斯的少女~
各位也不用太羨慕啦,你們以後可能也會有這種機會喔!

A ② 東京晴空塔。二〇一三年五月三十一日上午九點起,從東京鐵塔改為東京晴空塔發送數位電視訊號。

需要我簽名的也別客氣……
不必了！
誰會羨慕他啊！
只不過是上了電視節目而已嘛。
就算拜託我，我還不想上咧。
就是說啊。
歡迎回來~
你在寫什麼？
沒什麼！
中央局
TV
小朋友歌唱大賽製作單位
收
咦？
你們？

急急電流發射器Q&A

Q 東京鐵塔高度為330公尺。東京晴空塔的高度是多少？①534公尺 ②634公尺 ③734公尺

原來有那麼多人要參加，
一封太少了。
你要用這麼多明信片幹嘛？
我就是要用。
你那麼想要上電視嗎？
想啊……
來，隨便唱首歌吧！
叫我對著電視唱歌幹嘛？我是想出現在電視節目裡！
唱就對了。
鏘魚的學校在河裡～～
唉！像傻瓜一樣。
大雄，外面有很多朋友來找你……

A ② 634公尺。高度的設定來自於東京都附近地區過去稱為武藏國（日文發音類似六三四），是目前世界第一高的獨立電波塔。

Q 日本第一次播放電視節目是在何時？①一九五三年②一九六三年③一九七三年

※噠噠噠

A ①一九五三年。在這一年的二月一日開始播出電視節目，因此二月一日也是日本的「電視播放紀念日」。

請先等一下!!
你們全部上電視的話，那誰來收看節目呢？
先等電視台社長決定時間表再說。
沒錯！社長就是我。
等時間到了，會通知你們過來演出，在那之前請先在家裡等候。
先來決定要做什麼節目吧。
製作有趣的節目吧。
歌唱節目很受歡迎，連續劇也不錯，不過製作上似乎有點難耶。
要不然相聲節目也可以……
猜謎節目你覺得如何？
新聞節目或教育節目也可以，
要不然製作給媽媽們看的料理節目也很不錯。

叮叮～
噹噹噹～
現在為大家播報新聞。
各位！嘿嘿嘿……
大家看到我了嗎？看到了嗎？
呃……總理大臣……在國會……嗯……這個……
好多字我看不懂。
停下來，很多人打電話來抗議了！
報紙每個人家裡都有。
新聞播報到此結束。
接下來是大家最期待的「大雄才藝時間」！
請大家欣賞我的歌喉和各種才藝喔～
鏘魚的學校在河裡～
大家抗議了，他們說不想再看到大雄的臉了。
哼！不做就不做嘛！
下一個節目是料理時間。

急急電流發射器Q&A

Q 日本管理電波與通訊的政府機關？①法務省（法務部）②總務省（內政部）③外務省（外交部）

幹嘛？
請坐、請坐！
現在是野比玉子老師料理教室。
請問您今天晚餐的菜色以及製作方法是？
沒什麼特別的……就是特價的可樂餅，還有中午的剩菜、昨晚開的罐頭……
咦？這台電視？正在攝影？還在這附近播出？
這種事你們怎麼不早說！
趕快去找下個節目的來賓！
出現了預想不到的空白時間。
節目準備中
請稍待片刻
繼續收看！

A ②總務省。在日本，電波使用相關法律是由電波三法（電波法、播送法、電波監理委員會設置法）規範。

先讓我唱歌墊檔吧。
妳先回家看電視啦，時間到了自然會請妳過來。
接下來是我對吧？
戶手茂同學，等你好久了！
那我就來唱首歌吧！
不，你的節目是教學節目。
你很聰明，可以在電視上教大家寫今天的作業。
喔，不滿意嗎？那就請你回去囉。
各位觀眾，接下來由戶手茂老師來教大家今天的作業。
數學作業的第一題……
263
× 34
真是實用的節目啊！

急急電流發射器Q&A

Q 在無線電波界稱為「火腿族」的，是具備什麼無線電執照的人？①航空 ②海上 ③業餘

A ③業餘無線電。火腿族是指具有合法執照的業餘無線電通信玩家。

※噗通

急急電流發射器Q&A

Q 能夠自動修正時間誤差的鐘錶稱為什麼？①電氣鐘錶 ②電子鐘錶 ③電波鐘錶

今天的作業解答就到這邊。
泡澡就要到松澡堂…
本廣告由松澡堂提供。
您好…
請讓我也登廣告吧。
是點心店的老闆。
這些點心都非常美味，希望你們能幫忙宣傳。
沒問題！
那就由我來表演出好吃的模樣吧。
廣告就安排在我的浪花節表演之後吧。
咦？接下來是歌唱節目耶。
我可是你們的廣告贊助商喔。
就這樣～踏上了旅程～
沒辦法，廣告商最大。
我看先練習廣告演出好了。

※浪花節是以三弦來伴奏的民間說唱表演。

A ③電波鐘錶。鐘錶內藏的天線能夠接收標準時間電波，使得鐘錶隨時保持在正確時間。

※大口咀嚼

パク
モグ
モグ
好吃！
要大口大口吃下這些點心，才能表現出它的美味。再來一次。
實際做過一次才知道表演不容易，我還得多練習幾次才行。
叫我們別播了？
可是那個人是廣告商！我們也沒辦法。
江戶人就應該吃壽司，
這是常識！
哇啊…吃得好飽喔！
抗議的電話湧進來了……
什麼，那麼不受歡迎？
那就下個星期再繼續吧！
是嗎？那就進廣告吧。
我現在真的吃不下了…
馬井屋的點心……
真的……
ゲーップ
吃不下去啊!!
嘔～

※打嗝

急急電流發射器Q&A

Q 發明電話的人是誰？①愛迪生 ②諾貝爾 ③貝爾

A ③貝爾。美國發明家貝爾於一八七六年成功透過電線，直接傳送人類的聲音。

※哇～鋼琴聲～歌聲～小提琴聲～

報災小馬天線
?

場面真的很壯觀耶，因為風勢很大，所以整個天空都是一片火海……
這是我偶然經過拍下的照片。
火勢真猛烈呢。
我也好想看到這種場面喔。
前一陣子我到親戚家玩的時候，後面的煙火工廠爆炸了。
而且屋頂還從我的眼前被炸飛……
我看過卡車和運油車正面衝撞。還有計程車……

哆啦A夢，
拿出可以看見火災或車禍的道具給我。
你要幹嘛？
因為大家都有看過有趣的事件，只有我沒看過嘛。
你說有趣的事件是什麼意思!!
覺得別人的災難有趣的人最差勁了！
不…我不是那個意思…
我是想藉由直接看到事故現場，讓自己有所警惕，不要再讓這種可怕的事發生啦。
原來如此…
有什麼道具嗎？
「報災小馬天線」。
在事件發生之前，它會預先告訴我們事件發生的地點。

急急電流發射器Q&A

Q 開發iPhone的是下列何者？①蘋果公司 ②桃子公司 ③檸檬公司

A ①蘋果公司。個人電腦的Mac、平板電腦的iPad等也都是蘋果公司開發的產品。

※心跳加快
還有三分鐘…
ドキドキ
還有三十秒…二十秒…
好像沒有會發生衝撞跡象的車子過來，也沒有火災要發生的樣子耶。
好奇怪喔。
カチ
シュボ
※嘶～　※喀嗒
鬍子著火了!!
事件就是指這個嗎？
誰叫機器很敏感嘛。
再找一些更大的事件吧……
那就設定半徑五十公里、三十分鐘內…
ビ・ビ・ビ・ビ…
這次的反應很激烈。
※嗶嗶嗶嗶

急急電流發射器Q&A

Q 日本的電費計算是根據什麼標準？①消費電流量 ②消費電壓量 ③消費電力量

在那間銀行前會有事件發生！
バギューン
※砰
バギュ
ギュ
バギュ
※砰、砰
是銀行搶匪!!
啊！警察從巡邏車出來了……
這是逮捕犯人的瞬間喔。
哇～你碰巧在好時機經過那裡耶。
這個才不是碰巧咧。
我是事先知道才去那裡看的。要是大家有興趣，也讓你們看看重大事件。
你和大家約好了!?
找找今晚會有什麼事件發生吧。

A ③消費電力量。消費電力量（kWh）是由「消費電力（kW）乘以時間（h）」計算出來。（註：1kWh在台灣稱為1「度」電。）

Q 在日本，電費與瓦斯費等合稱為什麼？①交通費 ②光熱費 ③交際費

這又不是雜耍!!
我反對!!
沒關係，我一個人來找就行了。
ビ・ビ・ビビ
※嗶嗶嗶
反應好強烈……
地點就在那個加油站。
我會帶你們去看重大事件的。
真的嗎？好期待喔。
那我得在晚上前把作業寫完才行。
本來和爸爸約好去看電影的，我看取消算了。
大家都那麼期待，害我也變得好起勁呢。
可是…到底是什麼事件啊？
借我「時光電視」。

這是今晚接近八點的加油站現場。
還沒有發生任何事情。
ル・ル・ル…
※ 引勤聲
好像有什麼東西接近了。
切換角度看看……
是卡車。
好像開得搖搖晃晃的耶。
居然在開車時打瞌睡!!
哇!衝向加油站了!!

A ②光熱費。意思是生活必須的能源相關費用。加上水費的話，合稱為「水道光熱費」。（註：台灣稱水電瓦斯費。）

ドドオ
※砰
ゴオ
※轟～
附近陷入一片火海……
這樣一來……會有非常多的受害者……
得想辦法阻止才行！
在事件發生之前，我去把司機叫醒。
大雄！我們依約前來囉。
快點帶我們去事件現場吧。
那就順便帶你們去好了。
什麼叫順便啊？

急急電流發射器Q&A

Q 日本第一條地下鐵是現在的哪一條線？①大江戶線 ②丸之內線 ③銀座線

A ③銀座線。一九二七年開通上野到淺草這一段，現在改稱為銀座線，連接淺草到涉谷這一段。

什麼？卡車衝向加油站!!
真令人期待耶。
好可怕！
呃～馬上就會有卡車從那邊過來了。
是那輛嗎!?
快起來!!
快醒醒啊!!
八點了！就是現在！那輛卡車本來真的會衝進加油站……
然後發生大悲劇的，接下來的畫面請大家自行想像！

在事件發生之前，它會預先告訴我們事件發生的地點。

空氣中的「電波」是什麼？

電波是指在空氣或真空中傳導的電磁波

現在多虧有行動電話與智慧型手機，我們隨時都能夠與在遠方的人聊天。那麼，為什麼我們能夠與在遠方的人聊天，彷彿他就在面前呢？各位或許因為行動電話太普遍，因此不曾想過這個問題，不過背後的原理很了不起。

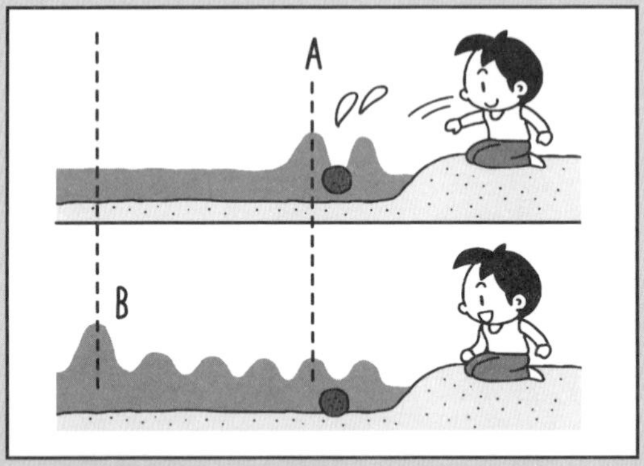
A
B

▲丟石頭形成的水波（A）過了幾秒鐘就會移動到水波（B）。電的傳導方式也是這樣。

事實上我們能夠用行動電話聊天，也是無限電波的功勞。行動電話為了傳遞聲音，利用了「電波」。電波顧名思義就是電的波動，也就是將電磁波在空氣或真空中傳導。

一聽到波，很多人會想到大海的波浪。沒錯，就是類似的東西。當東西掉進水中會產生水波（漣漪），水波會從掉落位置向外擴散，對吧？同樣的，電波也是一邊波動一邊在空氣中前進。

電波的速度比聲音更快，傳遞的速度與光速相同

行動電話是把聲音轉換成電波送出，再恢復成聲音。也就是說，你和朋友以行動電話通話時，你的聲音先被轉換成電波，送到朋友的行動電話，再轉換成聲音，傳到對方耳朵。而你從聽筒聽到的朋友聲音，也是經過同樣的過程。

電波的速度非常快，若要問有多快，就是與地球上速度

最快的光速一樣快。亦即，每秒的秒速約三十萬公里，也就是一秒鐘可以繞行地球七圈半。

相反的，音速大約是每秒三百四十公尺。換算成時速是每小時超過一千兩百公里，速度是新幹線的四倍以上。雖然速度非常快，不過與光相比的話卻慢了很多。因此，假設一個位於東京的人要和位於大阪的人通電話，聲音如果以聲音狀態傳送的話，在東京的人的聲音大約要花二十分鐘才會傳到大阪；大阪的人的聲音要傳送到東京也同樣需要二十分鐘，這樣一來就很難聊天了吧！可是

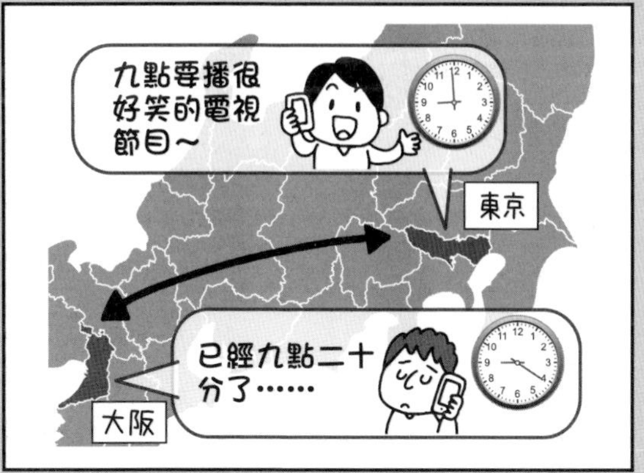
九點要播很好笑的電視節目～
東京
已經九點二十分了……
大阪

▲如果聲音沒有轉換成電波，直接傳送的話，會有二十分鐘的時間差。

如果是電波的話，只要一瞬間，東京傳送到美國紐約，不用零點一秒就傳到了。

這麼方便的行動電話成了我們日常生活中不可或缺的東西，再更進一步的研究開發並提升性能之後，行動電話進化成為智慧型手機。現在人手一支手機已是理所當然，這也要感謝電波的卓越特性。

不同頻率的電波用途不同

電波在我們日常生活中有著各式各樣的用途，例如電視和廣播的播送是靠無線電波；人們能夠寫電子郵件及上網搜尋資料，也是因為使用電波通訊。

在前面關於發電的說明中提到過電磁波，電磁波每秒鐘往返的次數稱為「頻率」，單位是赫茲（Hz）。例如每秒鐘之內往返三個波就是三赫茲，往返十個波就是十赫茲。

無線電波與紅外線、紫外線、X光等同樣屬於電磁波的一種。不同頻率的電磁波有著不同的性質，波的褶曲方式與傳遞距離也不同。電磁波的使用方式會配合不同的性質與特徵而改變。電磁波當中，頻率在三千吉赫（GHz）以下的稱為無線射頻電波。

不同頻率的電磁波有不同的應用範圍，如下表所示。比方說，行動電話使用的頻率是七百萬赫（MHz）到三點五吉赫（GHz）。前面（一〇四頁）提過微波爐和烤箱的原理也是使用電磁波。不管是和朋友講電話、用微波爐加熱食物、用悠遊卡刷卡進車站，都是相同的原理。

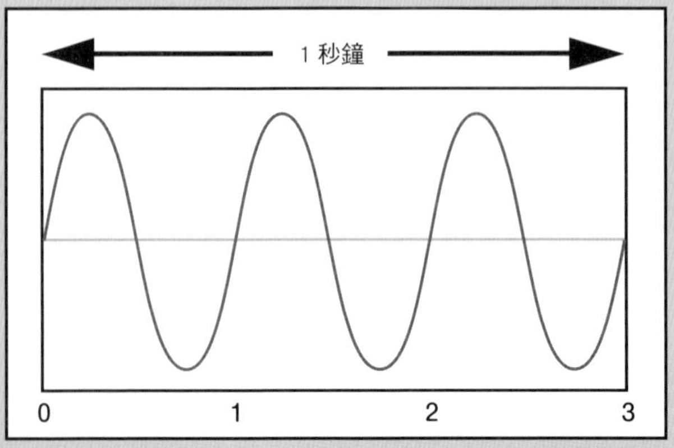

▲波在1 秒鐘之內的往返次數稱為「頻率」。上圖中的頻率是3Hz（3 赫茲）。

各種類型的電磁波

電磁波的名稱	頻率	波長	用途
EHF 極高頻	300GHz～30GHz	1mm～1cm	衛星通訊、電波望遠鏡、雷達
SHF 超高頻	30GHz～3GHz	1cm～10cm	衛星節目、無線 LAN、氣象雷達、ETC
UHF 特高頻	3GHz～300MHz	10cm～1m	行動電話、智慧型手機、電視、GPS、無線 LAN、藍芽、微波爐、防災無線電、列車無線電、計程車無線電
VHF 甚高頻	300MHz～30MHz	1m～10m	FM 廣播、交通 IC 卡（悠遊卡等）、電子錢包、警察無線電、消防無線電、航空管制通訊
HF 高頻	30MHz～3MHz	10m～100m	短波收音機、飛機通訊、船舶通訊、無線電遙控器、收發器
MF 中頻	3MHz～300KHz	100m～1km	AM 廣播、船舶無線電
LF 低頻	300KHz～30KHz	1km～10km	標準電波（電波鐘）
VLF 甚低頻	30KHz～3KHz	10km～100km	潛水艇通訊
ELF 極低頻	3KHz～3Hz	100km～100000km	潛水艇通訊、高壓送電線　＊ELF 在日本也稱為超低頻。台灣定義的超低頻簡稱為 SLF。

特徵：
- 傳遞的資訊量：多（EHF）→ 少（ELF）
- 朝著特定方向使用（EHF）→ 朝著多方向使用（ELF）
- 傳達至遠方的難易度：強（EHF）→ 弱（ELF）

※Hz（赫茲）的一千倍是 KHz（千赫），KHz 的一千倍是 MHz（百萬赫），MHz 的一千倍是 GHz（吉赫）。GHz 的一千倍是 THz（兆赫）。（註：台灣的廣播常稱 MHz 為兆赫，其實兆赫是 THz。）

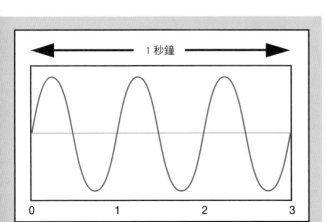

人類如何應用電波？

過去的通訊方式是仰賴人力 無線電通信改變人類的歷史

電波在現在被人們廣泛應用得很理所當然；不過人類是在什麼時候開始使用電波呢？在了解這一點之前，我們先來想想看古代的人類是如何過日子。

人們與位於遠處的人互相交換資訊的行為，稱為通訊。在尚不懂得使用電波的時代，當然還是需要通訊，因此古代的人會利用大鼓等敲出很大的聲響，或升火用「狼煙」等方法來傳遞訊息。後來有了文字之後，才開始寫信再透過人與馬等方式傳遞到遠方。

事實上，人類懂得利用電進行通訊至今才剛過一百年。以日本來說，是從明治時代（一八六八年至一九一二年）開始。在江戶時代（一六〇三年至一八六八年）之前要前往遠方仍必須仰賴雙腳，而通訊當然也是用人力靠著雙腳傳遞。

成功以摩斯電報完成世界首次遠距通訊

用電通訊的歷史起點，是一八三七年，美國發明家摩斯（Samuel Finley Breese Morse）發明了電報機，利用將電流通電和切斷，來傳送字母和數字的電碼訊息。

現今仍然被作為通訊使用的「摩斯電碼」名稱就是來自他的名字。電碼是指傳遞資訊用的符號，摩斯電碼是利用長短符號組合出許多文字。使用摩斯電碼的電報稱為摩斯電報。

摩斯是在西元一八四四年，第一次成功跨越美國的華盛頓特區到巴爾的摩之間，大約六十四公里的距離，傳送出電報。這也是世界上首次的遠距通訊。

▲摩斯發明的「摩斯電碼」，現在的通訊仍在使用。

「電話之父」貝爾成功把聲音轉換成電訊號傳送

一八七六年，美國發明家貝爾（Alexander Bell）發明了電話。他發現裝在電線兩端的彈簧只要一通電就會發出聲音，於是他利用法拉第電磁感應定律（請參考三十一頁），發明出利用電磁鐵收發聲音的方法。

貝爾發明電話的原理與現在的電話幾乎相同，就是把人說話的聲音透過電磁感應轉換成電流，傳送到接收者那頭，再轉換回聲音。世界首次電話通訊，據說是貝爾對另一個房間的助手華生說：「華生，我有事找你，你過來一下。」

儘管如此，當時因為電流太弱、有雜音，所以很難聽清楚。後來動手改良電話的人還是愛迪生。他在零件上下功夫，讓聲音變得容易聽見，也成功減少了使用的電力。當時改良後的版本已經與現代的電話十分相似。

他們偉大的發明帶給後世很大的影響，後來的通訊都因為電話而有長足的發展。

一九〇六年進行世界第一次廣播，各偉人促成無線電通訊發展

一八八八年，德國的物理學家赫茲（Heinrich Hertz）實驗成功，確立電波的存在，這也是無線電通訊的基礎。為了紀念他的功績，因此頻率的單位訂為赫茲（Hz）。

在赫茲的實驗成功之後，到了一八九五年，義大利發明家馬可尼（Guglielmo Marco-ni）利用摩斯電報，成功完成世界首次的無線電通訊實驗。後來，他成立了馬可尼無線電報公司，馬可尼對於無線電通訊的發展有相當大的貢獻。為了表揚他的功績，他在一九〇九年獲得了諾貝爾物理學獎。

接著時間來到了一九〇〇年，加拿大發明家范信達（Reginald Aubrey Fessenden）將無線電通訊裝置與電話組合在一起，成功利用無線電傳送聲音。六年後，他做了世界首次的廣播節目播送。這項技術持續發展，也影響到廣播與電視等無線電通訊。

▲1906 年的耶誕夜，由范信達本人親自演唱的歌曲透過廣播播出，這是世界首次的廣播。

江戶時代開國的同時也開啟電信的歷史

摩斯成功完成世界首次遠距通訊時，日本正值江戶時代。因為鎖國的關係，國外的技術無法進入日本。但是一八五三年，美國人培里率領四艘黑船來到日本，撼動了歷史。

日本第一次成功用電通訊是在西元一八五四年。這一年日本與美國簽訂日本和親條約，也宣告江戶幕府的鎖國政策結束。培里第二次來到日本時，帶來美國總統菲爾莫爾（Millard Fillmore）送給幕府的禮物，當中就有凸點式摩斯電報機。

這台電報機是傳送者打摩斯電碼，接收方的紙帶上就會收到凹凸點的記錄。摩斯改良自己最早發明的電報機，因此有了這台。過去需要人力寫下接收到的密碼，而這一台電報機已經可以自動記錄。

日本第一次對這台電報機公開做實驗發生在橫濱，透過電線傳送出「YEDO（江戶）」與「YOKOHAMA（橫濱）」。

影像提供／日本郵政博物館

▲日本現存最古老的電報機「凸點式摩斯電報機」。

明治維新的同時，日本的電信也有大幅發展

在日本舉行首次電報機實驗之後，日本電信領域好一陣子沒有任何動靜，一直到一八六八年明治維新之後，積極吸收歐美文化，電信技術才有了大幅的發展。一八九〇年開始提供東京與橫濱之間的電話服務，一八九九年開放東京與大阪之間的長途電話。

而在一九二五年三月二十二日，范信達播出世界第一個廣播的十九年之後，日本也終於有了第一個廣播節目。不過當時還不叫做廣播，而是稱為「無線電話」，播出的是以唱盤播放的音樂、新聞、天氣預報等內容。

JOAK、JOAK
這裡是東京放送局。

▲日本播出的第一個廣播聲音是像上圖這樣。

當時還沒有錄音器材，因此當然全都是現場直播。雜音很多、很難聽清楚，不過對於當時沒有電視，電話也尚未普及的民眾來說，能夠聽到遠在他方的人聲，大家都覺得很驚奇。

如同在前面介紹過的，日本開始製播電視節目是在二十八年後的一九五三年。電視廣播就像電信技術發展，也隨伴文化發展一同進化。

特別專欄

「SOS」是摩斯電碼

求救時發送的「SOS」暗號，原本是摩斯電碼的遇難信號。主要是船隻或飛機遭遇危險狀況時用來通知他人的信號。字母的排列沒有意義，只是因為方便打、容易聽出來，因此廣受全世界採用。

關於「SOS」信號有幾種說法。有一說認為，發出世界上第一個「SOS」信號的，是因電影《鐵達尼號》而聞名的英國郵輪鐵達尼號，於1912年在北大西洋近海遇難時發出的信號。

SOS

大幅改變人類生活的行動電話

行動電話隨時在發送電波 選擇最靠近的基地台

家電產品必須插電才能使用，電視和收音機也需要天線接收電波才能播出節目。可是使用行動電話或是智慧型手機，在各種場域都能夠通話。那麼，行動電話是如何能夠辦到的呢？

答案是因為有行動電話「基地台」。行動電話在其服務範圍內，每隔幾公里就設有一座「基地台」。基地台上，每一百二十度就會有一根天線，共有三根（有一些是四根）。三根天線能夠涵蓋完整三百六十度的方向。

▲基地台可以隨時掌每一個人的行動電話的行蹤。

行動電話隨時都在發送微弱的電波，基地台會接收這些電波並加以系統管理，就能夠隨時掌握這個行動電話的位置。

另一方面，基地台也會向行動電話發出電波。行動電話收到這個電波，通話時，就能夠自動選擇電波最強的無線基地台連線。

彼此都用行動電話通話 是透過基地台

接下來將說明用行動電話打給行動電話時的流程。在行動電話上輸入對方的電話號碼，收到信號的基地台，首先把資訊傳送到附近的「演進節點B（Evolved Node B，簡稱 eNB」，這麼一來，信號就會被送到打電話者所在地區的無線電網路控制器。

※註：「演進節點B」設備是用於行動網路中，連接用戶手機和行動電話網絡之間的硬體設備。

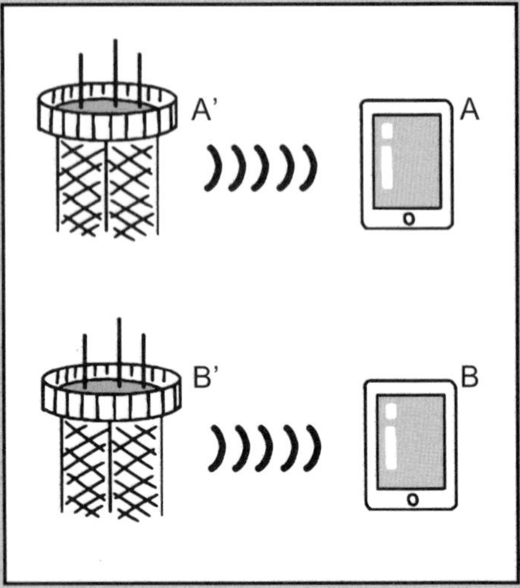

▲A打行動電話給B，信號會被送到最靠近A的基地台，接著再送到B所在區域的演進節點B，再透過最靠近B的基地台連上B的電話。

對方的行動電話當然也與撥打行動電話者一樣，基地台會發送電波，掌握所在位置。這樣子雙方就能夠透過最靠近的基地台連線。

也就是說，雙方都以行動電話通話時，一定會透過基地台傳送電波。因此不管是自己或對方，只要有任何一方待在基地台電波傳送不到的地方，就會無法通話。所以，在地下深處或遠離人群的地區，就會顯示為「沒有訊號」。

通訊速度逐漸加快！行動電話能夠做的事情越來越多

各位是否聽過「3G」、「4G」這些名詞？這裡的「G」是「Generation（世代）」的意思，表示行動電話的通訊系統。數字越大的話，通訊速度也就越快。

第一代（1G）的行動電話通訊方式是類比式，手機幾乎只用來通話。後來進入第二代（2G），通訊方式變成數位式。類比式是直接傳送資訊，數位式則是像電腦一樣，把資料轉換成數據傳送。因此，就能夠傳送電子郵件等訊息。

後來進化到3G、4G，通訊速度急速加快，能夠連接網路、看影片、打電動等，且不易斷線。目前正在朝著5G的技術開發邁進。

使用電波的電器增加，電波就會不夠用？

方便的行動電話突然快速普及。日本總務省表示，至二〇一七年三月為止，合計日本的智慧型手機與PHS（類似行動電話的小型手機。台灣也曾經在二〇〇一年推出PHS，至二〇一五年終止服務。）等行動電話，普及率高達百分之一百六十八點四。有些人一個人就擁有好幾支行動電話，因此數據超過百分之一百，所以數字上看來是每個人都有一支以上。個人電腦也進入一戶一台的時代，而且多數人都會上網。

行動電話、電視、收音機、網際網路……全部都運用了無線電波。後來，就進入了各式家電都能夠透過網路連線的IoT時代（請參考第一〇八頁），智慧家電也逐漸普及。往後汽車的自動駕駛、道路交通系統、

▲在體育館等人潮大量聚集的場所，行動電話不易連線。

沒有電線也能充電的無線充電等，使用電波的物品將會陸續增加。但是，電波不是要多少就有多少，而且各有使用頻率的限定。使用電波的東西越多，電波用量就會越來越不足。

在許多人聚集的場合，電話和網路就不易連線。這是因為電波頻寬有限，每個人分配到的通訊流量也跟著受限。由此可知，電波不足就會降低通訊速度，無法滿足原本的需求，道路交通系統等的安全性也會受到影響。

雖然大量利用電磁波，生活變得方便，但同時也得面臨電波不足的情況。該如何解決，將是很重要的課題。

特別專欄

為什麼搭飛機時禁止使用行動電話？

搭飛機時，必須關閉行動電話的電源，或是開啟不會發送電磁波的飛航模式。原因在於，飛機使用各類的電子儀器與電波通訊輔助飛行，關閉行動電話才不會造成影響。

即使沒有在通話或發送電子郵件，行動電話也隨時都在發送電波，那個電波可能會影響到飛機與塔台之間的通訊電波，或是引起操縱器等電子儀器出錯及出問題。飛機上禁止使用行動電話，是為了維護眾人的安全。不過最近有越來越多航空公司除了起飛與著陸的時間之外，也開始提供機上的 Wi-Fi 服務。

人體遙控器

大家怎麼這麼鬆懈！
今天可以說是胖虎隊今年最差的表現。
只有我一個優秀選手，其他全是笨蛋有什麼用啊！
現在開始要進行特訓，
最好覺悟吧！
今天要徹底訓練到晚上7點，不准你們中途跑回家。
不會吧～

※揮棒

那、那個…我得去補習班才行。
我也跟哆啦A夢約好了。
呸！呸！
ブルン
ブルン
你們沒聽清楚嗎？我再說一次好了！
當我什麼都沒說。
練習好開心喔！
你不是答應跟我一起做飛機嗎？我們走吧！
棒球這麼無聊，不要玩了。
如果你希望我們平安無事，就趕快回家去。
動作太遲鈍了。
カアン
カアン
不要拖拖拉拉的！
原來如此。
原來是這麼回事！

※鏘、鏘

急急電流發射器Q&A

Q 個人電腦簡稱PC，「P」是下列哪個字的縮寫？①personal ②personally ③personality

A ① personal。PC是Personal Computer的縮寫，取開頭第一個字母稱為PC。

※轉身

胖虎走掉了，大家可以不用練習了。
哇啊！
嘿嘿，這是「人體遙控器」啊？
讓我試試看吧！
我知道啦！只要操作搖桿就可以動了吧？
※喀
ガイ
向右！
カチッ
※喀喳
※咚
笨手笨腳的。我操作給你看。
沒關係，我自己來。
※撞
難怪我就覺得…
很奇怪！

急急電流發射器Q&A

Q 功能特別強大的電腦稱為什麼電腦？①超級電腦 ②更好的電腦 ③好電腦

A

①超級電腦。超級電腦能夠執行一般電腦難以處理的大規模且困難的運算。

※喀

※轉身

哇啊！快按後退⋯⋯
グイ
ピュ
還是算了吧！
把胖虎當玩具，下場一定會很慘。
可惡⋯⋯
哇啊！他又來了。
不能停止操作遙控器了。
我一定會把你們碎屍萬段！
做好覺悟吧！
ピョコ
ピョコ
都是哆啦A夢起的頭啦！
我是為了你才這麼做的耶。

※跨步前進

急急電流發射器Q&A
Q LINE、Twitter、Facebook、Instagram等合稱為什麼？①SLS ②SMS ③SNS

A ③SNS。是透過網路與人交流的「Social Networking Service」（社群網路服務）的縮寫。

※噠噠、啪！
ドタ
バタ
ドタ
是誰這麼吵啊？
漫畫
我這本漫畫借你，原諒我吧！
發生火災了。
幸好你發現，才沒釀成大禍。
你住哪裡？叫什麼名字？
哎呀！
我不是故意的啦。
要怪就怪哆啦A夢吧！

胖虎還在四處走來走去嗎……
已經夠了吧……
還是算了吧！
我們勇敢的去向胖虎道歉吧！
他應該不至於殺了我們。
為什麼按停了啊？再多玩一下吧！

用電驅動的電腦

個人電腦進入一戶一台時代，智慧型手機也持續進化

前面已經提到過，電與我們的生活關係有多密切，讓我們的生活變得很方便。我們能夠利用各式家電做菜、打掃、洗衣服，能夠利用電移動，如電車和電梯等，也因為無線電波的使用，而能夠打電話或看電視。

不過，最近還有個急速進化的民生用品，那就是電腦與網際網路。二〇一七年，日本個人電腦的各年齡層普及率超過百分之七十，大致上是每四戶就有一戶擁有個人電腦。而在台灣方面，台灣在二〇一六年的家戶電腦普及率是百分之八十五點三（資策會數位服務創新研究所網站），普及率比日本還高。

▲智慧型手機、平板電腦、筆記型電腦等，已經成為我們生活中必備的工具。

現在智慧型手機的功能已經宛如一台個人電腦，可用觸控螢幕操作的平板電腦也逐漸普及，當中以iPad為代表，可算是個人電腦的縮小版。也就是說，在現今這個時代，幾乎每一個人都擁有能夠透過網際網路與外界通訊的裝置。

以電子迴路構成用電進行超高速運算

你是否曾經在學校使用個人電腦，或是用平板電腦、電子白板等裝置上課呢？在各位爸媽還小的時候，一般老師都是用黑板與粉筆，學生使用紙本課本與筆記本上課。不過現在因為電腦普及，上課的方式也有了更多選擇。

以簡單的一句話來形容「電腦」，就是高性能的計算機。人類要花好幾天才能夠處理的計算與資訊，電腦一眨眼就可以處理完成了。此外，電腦還能夠記憶許多資料，而且電腦的性能到現在仍然在持續提升，可以想像今後也將持續改變人們的生活，帶來社會諸多改變。

其實讓電腦能夠運作的也是「電」哦！電腦是由集合許多電子迴路的「積體電路（IC）」與「大型積體電路（LSI）」等非常小的零件所組成的。這個部分稱為是電腦的核心或心臟，能夠進行超高速的計算與資料處理。

電腦是用電傳遞信號，進行計算與資料處理。電腦的計算方式是「二進位」，只以0和1表示數字與資訊，以電壓的高低表示1與0，與我們平常用0～9表示數字的「十進位」不同。不過這對電腦來說，是最快且最有效率的計算方式。

順便補充一點，你若是問這種計算方式究竟有多快，日本計算速度最快的超級電腦，一秒鐘之內能夠進行一京（一兆的一萬倍）次以上的計算。不禁要讓人再次佩服電真的很了不起。

最早的電腦比大象還重？

世界上最早出現像現在這種電子式的電腦是在西元一九三九年，是一台由美國愛荷華州立大學所開發的，名為「ABC機器」的電子計算機。

接著到了西元一九四六年，美國賓州大學製作出名為「ENIAC」的電腦。因為ABC機器沒有轉為實用，因此有些人認為這台才是世界第一台電腦。

後來，美國的IBM公司在一九五二年發表了他們的第一台電腦「IBM 701」。電腦的開發其實在一開始時是為了軍事用途，漸漸的才用在科學與商業工作上。不過當時的電腦重量有好幾噸，比地表上最重的動物非洲象還要重，大小更是足以塞滿建築物裡的一整個房間。再加上運作時散出的熱會讓室溫過高，必須經常以冷氣冷卻，與今日的電腦相差甚遠。

▲1952 年發表的商業用電腦「IBM 701」。

影像提供／日本 IBM

歷經軍事用、商業用，大約四十年前個人電腦誕生

後來電腦的體積逐漸縮小，性能也逐漸提升。到了一九七〇年代，開發出小型演算零件（可以進行計算的小型裝置），稱為微型電腦（microcomputer），促使可供個人使用的電腦，也就是「個人電腦」問世。

被世人稱為是世界上第一台個人電腦的，就是在一九七七年發表的「Apple II」，是由現在仍然在推出個人電腦 Mac、智慧型手機 iPhone 等裝置，超有名的蘋果公司所開發。可以說如果沒有蘋果公司，就沒有個人電腦的發展了。

後來個人電腦急速發展，除了外型變得更小巧且性能更高外，價格也更便宜。於是電腦也和家電產品一樣，進入一戶一台的時代。

© UIG/amanaimages

▲「Apple II」讓個人電腦不再遙不可及。

特別專欄

日本第一台電腦的出現，其實是爲了開發相機？

日本的第一台電腦，是於 1956 年完成的「FUJIC」。當時主要是生產相機等產品的富士寫真 FILM（現在的 FUJIFILM），為了計算相機鏡頭的設計，而開發出來的。

事實上，世界第一台電腦是軍事用途，演變成今日的電腦也是個意外。電腦至今仍在持續進化著。

嘿嘿，這是「人體遙控器」啊？

隨時隨地都能夠與全世界串連的網際網路

接下來將談談與電腦一同進化的「網際網路」。將許多台電腦串連在一起，互相交換資訊的架構稱為「網路（Network）」。能夠連接全球網路的則稱為「網際網路」（Internet，是 Interconnection of Networks 的簡稱）。一但連上網際網路的話，隨時隨地都能夠與全世界串連，在台灣就能夠立刻與在美國的人聯絡，或是知道法國此刻發生的消息。

網路上有許多稱為「伺服器」的電腦，伺服器與全世界的伺服器連接，提供其他伺服器資訊或服務。我們利用個人電腦或智慧型手機等裝置上網時，就是連上伺服器，從伺服器再連接到全世界的電腦。

伺服器包括郵件伺服器、網頁伺服器等，多半都各自扮演不同的角色。這些伺服器互相傳送或接收資訊，因此我們能夠收發電子郵件或瀏覽網頁。

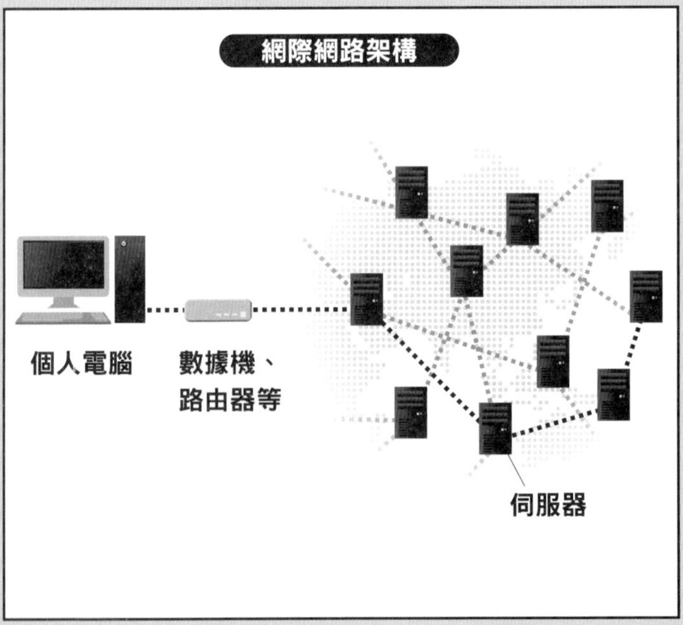
網際網路架構
個人電腦
數據機、路由器等
伺服器

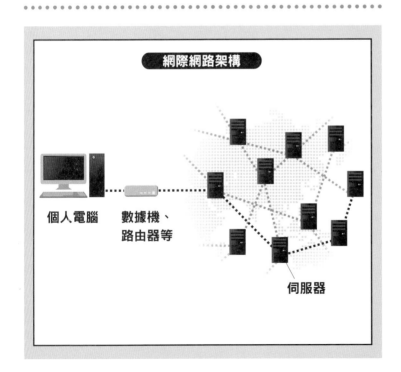

電腦支撐著我們的基本生活

不管你有沒有自己的個人電腦，電腦與我們的生活已經密切相關。因為我們身邊有許多東西都是仰賴電腦管理的。

各位是否聽過「基礎建設」？基礎建設也稱為公共建設或公共設施，意思是指支撐生活與產業運作所必要的設施及服務。常見的基礎建設包括「生活基礎建設」以及「通訊基礎建設」等。

▲鐵路交通也是，鐵路時刻表的管理、速度限制、信號系統等，全都是利用電腦控制。

在我們生活上不可或缺的電力、瓦斯、自來水等屬於「生活基礎建設」；行動電話的基地台、網際網路的通訊線路等屬於「通訊基礎建設」；鐵公路交通等稱為「交通基礎建設」。

在目前的現代社會中，這些基礎建設幾乎都是利用電腦進行管理，發電廠與送電系統也是由電腦控制。上網串連全世界、讓電車安全通行等，也是多虧有電腦精密的監控與調整。現在可說，如果沒有電腦，我們就無法生活。

用電腦控制交通系統防範事故於未然，也可實現自動駕駛

將電腦的控制系統發揮到極致，並且期待今後可以更加進步的其中一項，就是「道路交通系統」。其最新技術稱為「智慧型運輸系統（Intelligent Transportation System，簡稱ITS）」。這個系統是使用高性能的資訊通訊技術，建立安全舒適的道路交通。

ITS當中，大家最熟悉的就是「電子道路收費系統（Electronic Toll Collection簡稱，ETC）」。過去走高速公路時，必須在收費站停車繳費，現在只要在汽車上安裝

ETC，通過收費站時，就能夠啟動無線電通訊自動繳費，非常的方便。

如果ITS再持續進化的話，就能夠即時監測塞車、故障、事故等事件發生的可能性，並防範於未然，或是協助安全駕駛，讓車流更順暢。因此，ITS也能夠帶來節省能源與改善環境的效果。

智慧型運輸系統的最終目標，是自動駕駛系統的實踐。汽車行駛時，必須由駕駛操控方向盤和油門。不過目前日本、美國與歐洲的各個汽車製造商，都正積極的在研發，能夠利用電腦自動駕駛的系統。

▲在自動駕駛的交通系統下，利用電腦控制道路交通，防止塞車與事故的發生。

現在已經有些汽車能夠以電腦輔助駕駛，開發也已經到了實測階段，或許再過幾年就能夠實現幾乎零事故、安全且環保的運輸方式。

特別專欄

不使用電話線的網路電話

前面介紹過行動電話通話的原理。電話基本上都要使用電話線，不管是家用電話或公共電話都是如此。但是隨著網際網路的進化，現在不使用傳統電話線也能夠打電話了。

Skype、LINE、Facebook 等通訊軟體的通話功能，都是利用網際網路而非依賴傳統電話線就能夠完成通話，也不需要電話號碼。而且還有個優點，就是費用比使用傳統電話更便宜。

假如沒有電的話……

沒有電的話晚上會一片漆黑，現代人不可或缺的東西

各位知道我們生活中有多少東西需要用到電嗎？對於現代人來說，電是不可或缺的東西。那麼，反過來說，如果沒有電的話，我們的生活會變成什麼樣子呢？你或許不想面對這一個問題，不過我們還是就身邊的事物來想想看吧！

首先，家電產品全部都不能用，無法用冰箱冷卻食物和飲料，也無法開冷氣或暖氣。電燈泡和日光燈等照明都無法使用，所以晚上會是一片漆黑，必須點蠟燭當作照明。

當然也無法以電話或通訊軟體和朋友們聯絡。網路、電視和收音機都不能用，所以無法獲得資訊。想要外出，因為汽車和電車都動不了，只能夠靠走路或騎腳踏車。

雖然以前的社會也沒有電，現在世界上仍然有某些地區的人，完全不靠電力生活。可是，在電是普遍存在情況的現代，如果突然無法用電的話，全世界或許會陷入一團混亂。

日常生活因爲停電而沒電可用

各位是否有遇到過家裡電燈突然熄滅、變得一片漆黑的經驗？在日常生活中，也會有突然無法用電的情況，這就是「停電」。

停電的原因有很多種，可能是發電廠或配電變電所機械故障、某處的電線被剪斷，或是電線桿被雷擊。總之就是電從發電廠送到家庭的過程中發生問題，才會造成電沒有送過來。

最常遇到的狀況就是「斷路器（電源保險箱）」跳電。斷路器簡單來說就是安全裝置，只要家裡有用電，就一定有設置斷路器。一旦電流量超過設定的數值，斷路器就會切斷電路，阻止電流通過（就是俗稱的跳電），避免電路過熱造成危險、引發火災。

舉例來說，當你已經開著冷氣和電視，同時又要使用微波爐和吹風機等耗電量大的電器時，一旦電力使用太多，斷路器就會跳掉。

不同製造商的產品情況不同，以各電器大致的使用安培數為例，一般家庭的固定安培數平均為三十安培。假設家裡的冷氣是七安培，同時使用十五安培的微波爐和十二安培的吹風機的話，合計是三十四安培，此值超過三十安培，這個時候斷路器就會跳掉。

斷路器跳掉的狀態下，電流無法通過，必須把斷路器再次往上扳才能夠繼續用電。

停電的瞬間固然可怕，不過斷路器跳掉不會有危險，反而是顧及了安全。為了避免斷路器跳掉，還是要注意別用電過度。

大地震造成供電嚴重不足，全日本深感電的重要性

在一般生活中有可能遇到停電，不過這樣的停電通常只是暫時的，因為就算送電過程某處出問題，只要從其他配電變電所送電就能夠解決。

不過大家應該都還記得，二〇一一年三月十一日，東日本大地震發生後，導致的供電嚴重不足情況。當時的狀況非常嚴重，所以我想大家都還記得。

日本當時遭逢號稱千年一次的大地震襲擊，引發大海嘯與核能電廠事故等災害，許多人蒙受其害。很多人的房子被海嘯捲走，住宅所在地區禁止進入，這些人被迫生活在學校體育館等沒有電的避難所，直到現在也還有人待在避難所生活。

而且當時因為地震與海嘯的影響，好幾處發電廠停止運作。一夕之間，日本的東北、關東有四百萬戶以上都停電。有些人因為這次停電被困在電梯裡，有些人被困在電車上，有些地方的紅綠燈無法使用。

在這之後，電力還有好長一段時間都不足以供應所有需求。因此關東地區，在用電量較多的白天時段，進行分區輪流停電的「計劃性停電」。

平常雖然也會因為地震、颱風、打雷、下雪等天災停電，但很少發生這種大規模停電和電力不足的情況。全日本在當時都再次感受到電的重要性。

▲東日本大地震時的「計劃性停電」連路上的紅綠燈也停電。

影像提供／共同通信社

特別專欄

停電帶來的夢幻場面？

體育館等場所因為大量照明耗費許多電力，因此偶而也會停電。但是這問題有時帶來的不是恐慌，反而是溫暖的氣氛。

2018 年一月在台灣舉辦的四大洲花式滑冰錦標賽，在賽後的群星會（無關勝負的明星選手表演賽）時，會場突然停電，變得一片漆黑，音樂也停止，表演因此中斷。但是此時觀眾們拿出智慧型手機的燈光照亮會場，替選手打氣。於是選手們也配合著歡呼聲與掌聲登場表演，在夢幻氣氛中華麗演出。

豪華燈

※轟～
向右轉、向左轉，還有倒車，通通可以做到！
好有趣喔！
讓我試試看好嗎？
就算我拜託他們，也一定不會買給我吧！
可是，我還是好想要。
無論如何，我都想買！
？
這台相機是在蜜月旅行時買的。
已經沒有人在用這麼老舊的相機了。

那麼我也有話要說。
這隻手錶是在我們結婚之前就買了。
我也想買一隻有日期的手錶。
手錶明明還可以動，不要太浪費。
你的相機也還可以拍啊！
可是……
怎麼了？一副沒有精神的樣子……
為什麼我都沒有遙控汽車呢!?
這是我三歲時買的！
我想要更好一點的啊！
好啦！我知道了，你別哭了！
「豪華燈」。

急急電流發射器Q&A

Q 能夠導電的是下列何者？①鉛筆芯 ②橡皮擦 ③筆記本

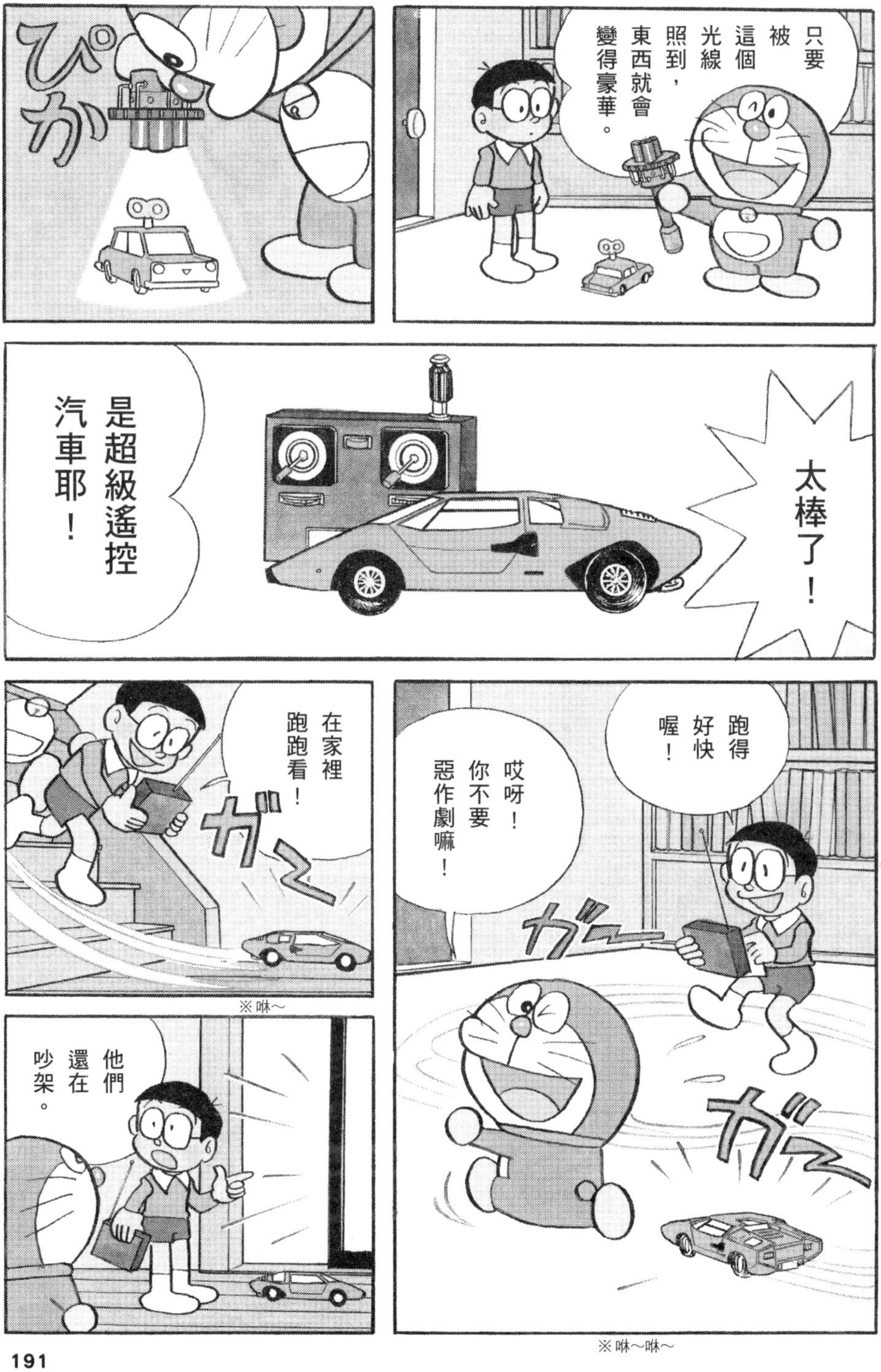
只要被這個光線照到，東西就會變得豪華。
ぴか
※照射
太棒了！
是超級遙控汽車耶！
跑得好快喔！
哎呀！你不要惡作劇嘛！
※咻～咻～
在家裡跑跑看！
※咻～
他們還在吵架。

A ①鉛筆芯。紙張和橡膠不導電，不過製作鉛筆芯的材料石墨能夠導電。

※照射
ピカ
哎呀！新的手錶……
哇啊！相機變新了……
這樣一來，他們應該會和好吧！
來讓更多東西變得豪華吧！
※照射
ピカ
削鉛筆機！
※照射
ピカ
鬧鐘！
2:00
※照射、照射
ピカ
ピカ
照所有的東西！

急急電流發射器Q&A

Q 能夠導電的是下列何者？①金色的色紙 ②銀色的色紙 ③兩者皆可

A ②銀色的色紙。因為表面貼著能夠導電的鋁箔，金色色紙是塗上不導電的塗料。

房間看起來也不一樣了呢。
※照射
也來幫幫其他的人……
換成外出服。
ピカ
※照射
很適合你喔！
變成更棒的狗吧！
ピカ
咦？
瑪莉，點心給你吃。
ピカ
※照射

你喜歡原來的瑪莉嗎？
那麼把它變回去好了。
穿這樣子我無法玩球啦！
幫你復原。
把我可愛的諾拉還回來。
好像不是所有的東西都適合用豪華燈。
你是不是背著我偷買昂貴的相機!?
你自己才是！買那麼貴的手錶！

「節電」省錢又環保！

人類的能源消耗量持續增加

講到這裡，大家對電應該都充分了解了吧？如果沒有意識到就不會注意，其實我們每天的生活中幾乎所有東西都會用到電，生活也因此變得非常方便。開關打開就能夠開燈、開電視、能夠打掃、洗衣服，事實上這些都是很了不起的事。

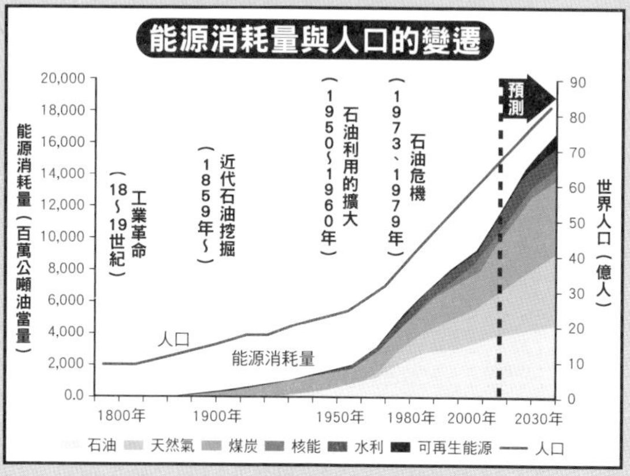

▲本表參考日本資源能源廳官方網站製作。

但也因為太方便，人類為了發電所消耗的煤炭、石油、天然氣等能源，年年增加。在這裡先將能源消耗量換算成石油的公噸數為單位，以方便比較。全球能源消耗量在一九六五年時大約三十八億公噸，到了二〇一五年約為一百三十一億公噸。單單與五十年前相比，就增加了三點五倍以上。

世界人口如果持續增加的話，使用能源的人與機會也很有可能越來越多。再這樣下去，全球能源消耗量預估到了二〇三〇年時，大約將會是一九九〇年的兩倍。

能源有限，必須珍惜使用

每個人都會用到很多的能源，因此必須珍惜使用。用來發電的煤炭、石油以及天然氣等燃料並非蘊藏量無限，人類不可能取之不盡、用之不竭。

日本的能源幾乎全都仰賴進口，能源消耗量卻是全球排名前幾名，而日本可以自行生產的能源資源卻只占了少少數個百分比。所以能夠使用的能源量與價格，也會受到世界情勢影響。

▲大氣中的二氧化碳，因為石化燃料的使用，以及汽車排放的廢氣而增加，造成太陽熱能無法散出到外太空，導致整個地球變得很熱。

最具代表性的例子就是發生在一九七三年與一九七九年的兩次「石油危機」。日本是主要的石油進口國，當時因為石油輸出國家發生戰爭與革命，因此石油出口價格不斷上漲，全球經濟受到影響而陷入一團混亂。日本全國各地也發生物價上漲、生活用品供不應求、掃貨囤積等各種亂象。

在前面也提過，日本發電量主要是依賴火力發電，因此必須燃燒大量煤炭、石油、天然氣等石化燃料，這麼一來就會產生許多二氧化碳。

二氧化碳也被稱為溫室效應氣體，具有不易釋出太陽熱能的性質；溫室效應氣體一旦增加，大氣和海水的溫度也會上升，這就是地球暖化現象。地球暖化如果繼續惡化下去的話，南極和北極的冰層將會逐漸熔化，造成海平面上升，動物和人類能夠居住的地方都將減少，而且還會出現氣候異常現象。

從日常生活思考節省能源的方法

那麼，請各位想想自己能夠為地球環境做些什麼吧！

在家裡或學校都有做可燃垃圾與不可燃垃圾的分類和回收，對吧？同樣的，日常生活中也有些事情是我們可以為地球做的，其中之一就是節約能源，或者說是好好利用不浪費。

說到這裡，相信各位應該明白電是多麼方便，同時也了解電有多重要。大多數的電都是從發電廠製造，我們正在使用的電都是現在剛製造好送來的。因為電難以儲存，一旦眾人同時大量用電，電量就會不足。因此大家應該同心協力減少浪費電。

人人現在就能做到「節電」，珍惜用電！

各位聽過「節電」這個詞嗎？

對，「節電」就是節約用電。沒人在的房間要關燈，別開著電視一直播放，有很多事情都是各位現在就能做的。

在每個人家裡，用了電就要繳電費。電費按照用電量的比例計算，所以使用越多電，電費當然也就越高。所以浪費電就等於是浪費錢。

因此希望各位記住要節約用電，能夠節電就是節省能源，不但能保護地球環境，還能夠省錢。如果大家都能夠做到節電的話，電就不會不夠用了。

各位在家裡或在學校，有沒有浪費電呢？平常要多多留意自己的用電方式，在自己能做到的能力範圍內努力做到節電喔！

特別專欄

日文的「能源」來自哪種語言？

日文的「能源」這個詞語是直接使用「Energy」的音譯，它的來源其實是德文。因為日本能源與電的技術，是從德國傳進日本的，能源一詞也跟著從德文傳譯而來，成為了固定用語。

這個詞除了當作動能與熱能等使用之外，也有「精神」的意思。

就是這麼簡單！「節電」小撇步

我也想買一隻有日期的手錶。
手錶明明還可以動，不要太浪費。

空調設定適當溫度！人人都能輕鬆省電

節電可從日常生活輕鬆著手。以下舉幾個例子，你也可以想想自己的節電對策。

●空無一人的房間、沒人使用的走廊和樓梯間要關燈。

●電視沒人看的時候要關掉。亮度和音量應該盡量降低。

↓螢幕亮度或音量太高的話，也會傷害眼睛和耳朵！

嗶
很好！

●空調溫度的設定，冬天不要太高，夏天不要太低。關上窗簾，冷氣和暖氣更有效率。

●減少打開冰箱的次數，一旦打開要立刻關上。冰箱裡不要放太多食物。

↓冰箱門開著不關的話，冰箱裡的溫度會上升，為了降溫就會浪費電。食物塞太多也會造成不易冷卻！

●記得早睡早起。

↓在一般家庭裡，晚上的用電量比白天多。晚上如果沒必要就早點關燈，當然早睡早起也有益健康！

這裡舉的只是部分例子。自己想想能夠做些什麼，從自己能做的動手實踐吧！

插在插座上也會用到電

另外一個能夠有效節電的方法，就是沒有經常使用的家電產品要記得將插頭拔掉。事實上家電產品就算沒在使用，只要插在插座上，還是會消耗一些電力，稱為「待機電力」。

舉例來說，電視雖然沒有打開，空調雖然關著，只要插頭還插著，就會耗費待機電力。據說一般家庭消耗的電力之中，有百分之五至十是待機電力。

▲家電產品就算開關全部關閉，只要插頭還插著，就會用到少量的電。

家庭人數不同，電費也會有所不同。日本一般一個家庭每個月的平均電費，大約是一萬日圓，其中的待機電力就將近幾百日圓至一千日圓，一年算下來也將近一萬日圓了。所以電器沒有使用時，記得要將插頭拔掉，才能夠節電。而且插頭總是插著也有發生火災的危險。

因此，不是每天都需要使用，或是只有短時間使用的家電產品，最好盡量記得要拔掉插頭。另外，長時間外出時，建議最好要拔掉插頭或拉下斷路器，除了省電也可避免電線短路導致發生火災等危險。不常使用空調的春、秋兩季，最好也要拔掉空調的插頭。

取代日光燈與電燈泡，逐漸普及的新照明器具「LED燈」

全球都在瘋節能，有著各式各樣的環保節能行動。而隨著科技的進步，電器產品的用電量也逐漸降低。

當中最具代表性的產品之一，就是我們身邊最常見的省電照明器具。過去一般都是使用日光燈或是電燈泡，最近逐漸普遍的則是LED照明。LED燈具是繼蠟燭、電燈泡以及日光燈之後的第四代照明器具，正逐漸成為照明器具的主流。

LED是Light-emitting diode的縮寫，意指發光二極體，也就是電流通過就會發光的半導體。半導體最近多半用在個人電腦及智慧型手機等產品上，可藉由溫度或電壓等條件，決定電流通過與否。LED照明利用這項特徵，讓半導體中的正電與負電靠在一起製造光。

LED燈具消耗的電力，大約只有日光燈的一半、電燈泡的百分之二十，能夠減少用電量。另外，其壽命也遠比日光燈和電燈泡長，因此更換次數較少。再加上LED燈具在發光時比較不會產熱，而且不是使用玻璃管，所以沒那麼容易打破，能夠減少危險。

▲從蠟燭到電燈泡、日光燈、LED。照明器具也在進步。

現在更是有一些植物工廠使用LED照明來培育植物。一般來說，植物是晒太陽進行光合作用長大。但LED植物工廠，是在完全晒不到太陽的室內。以LED照明取代陽光，以最適合植物成長的光線照射，就能夠不管季節和天候，更有效率的栽培蔬菜等植物。

特別專欄

冷氣設定在自動運轉最環保？

多數家庭一到夏季，最耗電的電器就是冷氣。雖說不同產品的情況不同，不過一般來說，冷氣的「自動運轉」模式是最能夠有效省電的設定。希望夏天涼快一點，卻因為想要省電而選擇弱風或微風模式的話，就必須花費很多時間才能夠降低室內溫度，反而浪費電。

尤其是現在新的冷氣都設有環保模式或省電模式，多半能夠自動幫忙省電或節省能源。而且有些廠牌還內建感測人體動態與體溫等功能，能夠自動調整成對人來說最舒適的環境。

▲最新冷氣配備的功能，能夠感測到人所在的位置、動態和體溫，重點式冷卻或調整強弱。

「電」的未來如何發展？

節省能源的選手代表——在家也能發電的「ENE-FARM」

各位聽過「ENE-FARM」這個詞嗎？「ENE-FARM」是「家庭用發電系統」的簡稱，由「能源Energy」和「農場Farm」兩個字組成。「家庭用發電系統」原理就像在生產農作物般，在一般家庭裡同時製造電與熱水。

所謂的燃料電池是能夠以氫氧生電的發電裝置，也用在靠氫行駛的燃料電池車上。從一般家庭煮熱水、做菜用的瓦斯取出氫，再與空氣中的氧進行化學反應，藉此發電。所產生的電當然能夠產生熱、製造熱水，可說是一石二鳥的機制。

ENE-FARM是為了節電而開發出來的，其最大的優點當然就是能夠節省能源。而且在家發電也可以減少電費開銷。另外，系統能夠顯示發電量與二氧化碳的減少量，以數字顯示節省了多少能源。

雖然現在啟用這套系統的家庭還不是很多，不過系統的性能將會越來越提升，價格當然也會逐漸降低。全日本都在推廣ENE-FARM，期待這套系統未來能夠越來越普及。

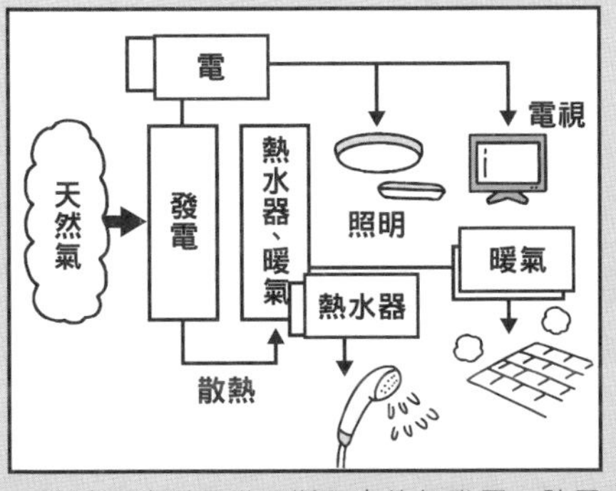

▲燃料電池利用從瓦斯取出的氫發電，除了電可以用在照明等家電用品之外，排出的熱可以給熱水器使用。這就是「ENE-FARM」的架構。

新的電力網 眾所期待的「智慧型電網」

在另一方面，全新電力網絡的開發也在進行中，稱為

「智慧型電網（次世代送電網）」。這裡的「智慧」與智慧型手機、智慧家電同樣是「聰明」的意思；「電網」則是「電力網絡」的意思。

網際網路
太陽能發電
智慧電錶
具備通訊系統的電力網
控制面板
家用發電裝置
油電混合車／電動車的充電

▲以「智慧電錶」為中心有效用電的智慧型電網的概念圖。

智慧型電網的原理是利用現在仍持續進化的資訊科技，在供電網絡內進行能源的供需調節，使送電更有效率。在用電的家庭、公司、工廠等用戶中裝設稱為智慧電錶的電度錶，電力公司即時接收並管理消耗的電量，就能夠在供電的同時減少浪費。

前面提到過，運用大自然力量的再生能源，是受到全球矚目的環保能源。而為了有效利用再生能源，必須建立智慧型電網。

英國和法國已經把裝設智慧電錶視為國民義務。台灣目前也積極在推動智慧型電網的普及化，期待民眾能夠比現在更聰明用電。

電在醫院也活躍！用電磁波找出疾病

你曾經在醫院或健康檢查時照過X光嗎？這種技術能夠透視身體表面，拍攝骨頭照片，藉此檢查體內狀況。這項技術使用的X光和電波一樣屬於電磁波的一種。

除了X光，現在還有能夠拍攝身體剖面的CT（電腦斷層掃描），或是以MRI（核磁共振造影）將內臟和血管清楚的影像化，進行更高精確度的檢查與診斷。透過這類技術，能夠找到過去很難找到的疾病，及早發現及早治療，減少病患的疼痛與負擔。

日本的醫院正在加速「智慧化」，最具代表性的例子就是「智慧型治療室」。手術室內的儀器可以透過網絡共享所有資訊，期待能夠更正確且安全的進行手術。智慧型治療室的模型建置目前已經在進行研究、開發。

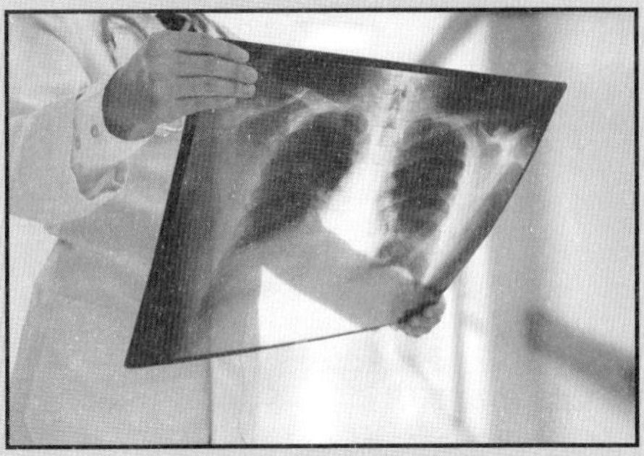

▲利用 X 光片進行診斷的技術，廣泛活用於醫療界。

此外，還有一種治療方式是讓電流通過體內（當然是不會觸電程度的微弱電流）的電療與低頻治療，用來治療或緩和身體疼痛。日本自古以來就有泡通電熱水的電浴療法，據說這種治療方式能夠有效改善肩膀痠痛和腰痛等。

就像這樣，電在醫學進步上也有著很大的貢獻，相信電子技術的應用在今後將會更加進化。

特別專欄

地球內部也有電在流動？

指北針一定會指向北方，因為地球本身就是一塊大磁鐵，北極是 S 極，南極是 N 極。至於地球為什麼是磁鐵，這部分仍有許多尚未調查出來的謎團。據說是因為，在比地表下的地幔還更深處的「地核」會發電，就是這裡的電造成磁力。

另外，在北極和南極等地區可以觀察到的神祕「極光」現象，則是太陽的帶電粒子受到地球磁力的影響而產生。

▲地球是一塊大磁鐵。北極是S 極，因此指北針的N 極一定朝向北方。

後記
人類應該思考如何面對「電力時代」

早稻田大學理工學術院教授
近藤圭一郎

一九六八年出生於東京都，早稻田大學理工學院電工學系畢業。曾在財團法人鐵道綜合技術研究所從事鐵道車廂專用主迴路系統的研究開發，自二〇〇七年起進入千葉大學服務。曾任千葉大學工學研究所教授，二〇一八年起成為早稻田大學理工學術院教授。工學博士、機械部門、綜合技術監理部門技術士。擅長的領域為電動機控制、電力電子學等。編著作品有《鐵道車廂技術入門》（Ohmsha, Ltd.）。

我在年紀與各位相當或是比各位更小的時候，某天晚上搭著父親駕駛的車子行駛在高速公路上。當時那條路上的路燈全都沒亮，除了車燈之外，四周一片漆黑。於是我問父親路燈為什麼沒亮，父親說，電是石油製造的，而石油幾乎都是國外買來的。賣石油的國家發生戰爭，所以日本可能會買不到石油。年幼的我擔心整個日本或許將永遠處在黑暗中。

後來到了二〇一一年發生東日本大地震，好幾處發電廠停止運作，電力供應不足，因此有各地區輪流限電四小時的「計劃性停電」。到了晚上，我從電車車窗看向一片黑的街道，想起小時候搭父親開的車，行駛在漆黑高速公路上的景象。

現在日本政府為了避免發生我小時候遇到的情況，使用石油、煤炭、天然氣等各種燃料發電，並將石油發電減少至整體的百分之三十。問題是，煤炭與天然氣還是一樣必須從國外買進。從許多國家買進各種燃料，就算無法取得其中一國或地區的燃料，也無須擔心發生過去那樣電力不足的窘境。

不過，如果站在整個地球的角度來思考的話，我們必須擔心這些燃料總有一天會用盡。而且發電時不僅是燃燒這些燃料，也會產生二氧化碳。二氧化碳的量一旦增加，就會造成整個地球的氣溫上升，北極與南極的冰層融化，海平面上升，導致許多陸地被海水淹沒。為

只要被這個光線照到，東西就會變得豪華。
ぴか

了預防這種情況，我們期待不再燃燒石油、煤炭、天然氣，而是改用太陽光、風力等「大自然能源」發電。

但是，使用這些能源發電很花錢，而且無法一次製造大量的電，光靠這些也無法提供足夠電力。因此，各位的孩子、孫子，以及孫子的孩子們如果想要繼續過著有電的便利生活，就必須了解減少用電量的重要性。這個問題至今仍找不到解決的方法。這並不是一個單靠某個人就能解答的問題，而是要靠各位花時間持續思考，逐步解決。

我從大學畢業、進入社會時，世界上還沒有網際網路、電子郵件和行動電話。那個時代要開會，必須一一打電話確認每個人的行程，選定眾人都能夠參加的日期，把日程寫在紙上，再以用電話線傳送的「傳真機」發給每個人。與人相約在外面碰面時，也一定會確認地點與時間，以免見不到面。現在要開會的話，只要用電子郵件就可以一次確認所有參加者的情況；會議時間決定之後，只要用電子郵件就可以發送給所有參加者。與過去相比，縮短了不少時間，也不用花太多工夫就可以決定並通知眾人開會日期、時間與場所。另外，與人相約時，假如臨時計畫有變、可能會遲到，也可以用手機通知對方。像這類用電交換資訊的技術稱為「資訊科技」，簡稱IT，就是Information Technology的縮寫。

二十五年前，我根本不會想到行動電話會有個人電腦的功能，也想不到網路不僅能夠收集資訊，還能發送資訊。一想到我剛進公司時在工作上的辛苦，就覺得這個世界真的是越來越方便了。未來據說與人類一樣，能夠從經驗孕育新想法的「人工智慧」功能也將實現。網路大幅改變了世界，等到各位長大、在社會上活躍時，或許人工智慧也將改變世界，那將是電力決定一切的時代。但是使用網路和人工智慧的都是人類，重要的是要把網路和人工智慧當成是豐富工作與生活的手段，而不是目的。想想將來要如何使用網路和人工智慧改造世界，我想這就是各位長大之後的任務。

哆啦A夢科學任意門 18

急急電流發射器

●漫畫／藤子・F・不二雄
●原書名／ドラえもん科学ワールド── 電気の不思議
●日文版審訂／ Fujiko Pro、近藤圭一郎（早稻田大學教授）
●日文版撰文／葛原武史、藤沢三毅、石川遍
●日文版版面設計／東光美術印刷
●日文版封面設計／有泉勝一（Timemachine）
●日文版編輯／ Fujiko Pro、四井寧

●翻譯／黃薇嬪
●台灣版審訂／傅昭銘

發行人／王榮文
出版發行／遠流出版事業股份有限公司
地址：104005 台北市中山北路一段 11 號 13 樓
電話：(02)2571-0297　傳真：(02)2571-0197　郵撥：0189456-1
著作權顧問／蕭雄淋律師

2019 年 6 月 1 日 初版一刷　2024 年 4 月 1 日 二版一刷
定價／新台幣 350 元（缺頁或破損的書，請寄回更換）

ISBN 978-626-361-496-3
遠流博識網　http://www.ylib.com　E-mail:ylib@ylib.com

◎日本小學館正式授權台灣中文版
●發行所／台灣小學館股份有限公司
●總經理／齋藤滿
●產品經理／黃馨瑝
●責任編輯／李宗幸
●美術編輯／連紫吟、曹任華

國家圖書館出版品預行編目 (CIP) 資料

急急電流發射器 / 藤子・F・不二雄漫畫；日本小學館編輯撰文；
黃薇嬪翻譯．-- 二版．-- 台北市：遠流出版事業股份有限公司，
2024.4
面；　公分．--（哆啦A夢科學任意門；18）

譯自：ドラえもん科学ワールド：電気の不思議
ISBN 978-626-361-496-3（平裝）

1.CST: 電學　2.CST: 漫畫

337　　113000961

※本書為 2018 年日本小學館出版的《電気の不思議》台灣中文版，在台灣經重新審閱、編輯後發行，因此少部分內容與日文版不同，特此聲明。